生存三做

方军 ◎ 编著

中国华侨出版社
·北京·

图书在版编目 (CIP) 数据

生存三做 / 方军编著 .—北京：中国华侨出版社，2006.6（2025.1 重印）

ISBN 978-7-80222-147-5

Ⅰ.生… Ⅱ.方… Ⅲ.①工作方法—通俗读物 Ⅳ.B026-49

中国版本图书馆 CIP 数据核字（2006）第 042604 号

生存三做

编　　著：	方　军
责任编辑：	刘晓燕
封面设计：	胡椒书衣
经　　销：	新华书店
开　　本：	710 mm × 1000 mm　1/16 开　　印张：12　字数：136 千字
印　　刷：	三河市富华印刷包装有限公司
版　　次：	2013 年 5 月第 2 版
印　　次：	2025 年 1 月第 2 次印刷
书　　号：	ISBN 978-7-80222-147-5
定　　价：	49.80 元

中国华侨出版社　北京市朝阳区西坝河东里 77 号楼底商 5 号　邮编：100028
发 行 部：（010）64443051　　　　传　真：（010）64439708

如果发现印装质量问题，影响阅读，请与印刷厂联系调换。

前言
Preface

  时光的脚步不知不觉间已迈入了二十一世纪。人们的生活在发生巨变的同时也面临着巨大的生存危机，如何才能生存得更好，以达到理想的生存境界，是人们普遍关心的问题，本书将与你一起探讨生存的最佳方法。

  我们人类通过一代一代的进化终于成为这个世界的主宰者，人作为万物之灵有别于其他动物的最大区别是人有着独特的高级思维活动，人生来就渴望实现自己的人生价值，找到成就感。同时我们每个人自身都存在着巨大的潜能，如果我们能充分挖掘自身的潜能，并好好地加以改造和利用，就不但能实现个人美好的愿望，同时也会加速社会前进的脚步。对这种潜能的挖掘最关键的一点是"做"字为先。"做"体现在为人处世的一件件小事上，体现在生活的点点滴滴里，只有不断地去学习，去实践，只有学习与实践相结合，只有掌握了做事的一些窍门，了解了做事的一些学问，并在现实中灵活运用，才能摆脱一些不必要的麻烦，才能尽快实现自己的人生价值。

生存三做

生存方式问题可以说是一个很深奥的问题，很多人用其一生也未能读懂，有的人自以为做了很多，却始终不能实现自己的理想，有的人聪明反被聪明误，忙忙碌碌一生却一无所有。我们都是凡夫俗子，并非先知先觉的圣人，每个人都有迷茫和绝望的时候，每个人都有徘徊在十字路口无法抉择的时候，愿本书能给你提供一些指导和帮助，使你更快地实现自己的发展目标。

生存的第一要务就是不断做事，大事、小事、外边事、家里事，人活一生可以说事事不断，人生离不开做事，做事便是你人生最重要的活动。如果你尚不知道从哪个入口找到最佳的方式，那就记住"做"的要诀吧。从现在开始去做，你会发现自己将拥有一个不一样的生存环境。

目录

上篇 做"虚"：思想超前做法才会超前

在一个人的生存道路上，"做"永远是主旋律。但是做不是盲目蛮干，而必须以正确的思想为指导。也就是说，在做实事、采取具体的行动之前，先要做好虚的方面：想明白行动对于生存的意义，知道该做什么、如何去做。

第一章　探讨生存哲学，一个由来已久的话题 / 002

　　不同的人有不同的生存哲学 / 002

　　崇尚"做"的生存哲学 / 010

　　做好小事才能成就大业 / 018

　　"做"要持之以恒，不轻言放弃 / 025

第二章 思想的高度决定"做"的成就 / 033

敢于想才能做人所不能做 / 033

用"做"把欲望变成现实 / 042

"做"不能盲目 / 047

敢想敢做才会赢 / 053

中篇 做"实"：脚踏实地是做事的正确出发点

思想指导行动，但思想不能代替行动。只有毫不犹豫地、持续地去做才能把美好的愿望变成现实。同时我们也看到，不同的做法其结果截然不同，区别点就在于是否把做前的"虚"转变成做的过程中的"实"。只有做"实"——脚踏实地地做事才是解决任何问题的正确出发点。

第三章 空想是你最大的敌人 / 060

心动不如行动 / 060

立即去做永远是成功的法则 / 068

尝试去做的人才有出路 / 076

目 录

做事避免走入的几大误区 / 082

第四章　在"做"的过程中寻找和把握机遇 / 088

在"做"中寻求机遇 / 088

积极创造机遇 / 096

机遇总是光临肯做和善做的人 / 101

善于把握机遇方能达到理想的生存境界 / 106

下篇　做"好"：找到最好的做事途径才能有所收获

一件事情如何去做会有若干种不同的选择，一个人要想拓宽自己的生存通道，就要不断做出最正确的选择。做"好"，是一种人生态度，一种生存的智慧。努力把每一件事情都做好的人，就能从自己的付出中赢得成倍的收获，他的生存前景也必然一片光明。

第五章　成功者的人生靠"做"来抒写 / 114

掌握正确的做事原则 / 114

按照正确的方式方法做 / 122

在提高"做"的效率上下功夫 / 129

借鉴成功者的宝贵经验 / 136

第六章 快乐做人，勤恳做事 / 147

做人做事要有好心态 / 147

踏踏实实做个平凡人 / 155

用勤恳的态度和举一反三的灵活方式做事 / 161

用心寻找快乐，快乐无处不在 / 171

上篇

做"虚"：
思想超前做法才会超前

在一个人的生存道路上，"做"永远是主旋律。但是做不是盲目蛮干，而必须以正确的思想为指导。也就是说，在做实事、采取具体的行动之前，先要做好虚的方面：想明白行动对于生存的意义，知道该做什么、如何去做。

第一章

探讨生存哲学，一个由来已久的话题

人来到这个世界上，首先面临的是生存的问题。如何才能生存得更好，每个人都想得到满意的答案。最根本的问题就是一切都要靠你自己，你的知识、你的能力和信誉，就是你生存的保证，在不断努力的过程中，你对自己的生存就有了安全感。

不同的人有不同的生存哲学

懒人的生存哲学是贪图安逸、享受生活

懒惰者，是思想的巨人，行动的矮子。懒惰是一种浪费，浪费的是比任何东西都宝贵的生命。人生短暂，懒惰就如自杀。"成事在勤，谋事忌惰"，只有勤奋才会有成功，偷懒只会使自己落在别人的后面。

民间有这样一个故事：古代有一个人"四体不勤，五谷不分"，懒得简直是"油瓶子倒了都不知道扶"。他跟残疾的人一样生活不能自理，什么事都依靠他母亲。有一天，他母亲有事要出一趟远门，母亲知道自己的儿子太懒，担心自己不在家饿坏了他，于是就想了一个办法：烙了一张大大的饼，这张饼足够他吃几天，临出门时挂在了懒人的脖子上，并嘱咐他，吃完一边就转一下吃另一边。母亲走后，懒儿子觉得饿了，就吃了大饼离嘴最近的一边。等到再饿时，一想到还要转动大饼才能吃到嘴，于是就懒得动了，久而久之就饿死了。这个故事虽然有些夸张，但它也说明了一个道理：懒人终究要为自己的"懒"付出代价。他们不但无法在社会上立足，不能真正地"享受"生活，还会彻底毁了自己。

对于懒惰的人，我们应该让他知道：只要付出努力，一切会更加美好，而这才是我们所追求的！

对一个人的生存而言，懒惰是一种堕落的、具有毁灭性的东西。懒惰、懈怠从来没有留下好名声，也永远不会留下好名声。懒惰是一种精神腐蚀剂，因为懒惰，人们不愿意爬过一个小山岗；因为懒惰，人们不愿意去战胜那些完全可以战胜的困难。

因此，那些生性懒惰的人不可能在社会生活中成为一个成功者，他们永远是失败者。成功只会光顾那些辛勤劳动的人们。懒惰是一种恶劣而卑鄙的精神重负。人们一旦背上了懒惰这个包袱，就只会整天怨天尤人，精神沮丧、无所事事，这种人完全是无用之人。

亚历山大征服波斯人之后，他有幸目睹了这个民族的生活方式。亚历山大注意到，波斯人的生活十分腐朽，他们厌恶劳动，只想舒适地享受一切。亚历山大不禁感慨道：没有什么东西比懒惰和贪图享受更容易使一个民族奴颜婢膝的了；也没有什么比辛勤劳动的人们更高尚的了。

生存三做

有一个人周游了世界各地，见识十分丰富。他对生活在不同地位、不同国家的人有相当深刻的了解，当有人问他不同民族的最大的共同性是什么，或者说最大的特点是什么时，这位外国人用不大流畅的英语回答道："好逸恶劳乃是人类最大的特点。"

英国圣公会牧师、学者、著名作家伯顿给世人留下了一本内容深奥却十分有趣的书《忧郁的剖析》，他在书中指出："懒惰是一种毒药，它既毒害人们的肉体，也毒害人们的心灵"，"懒惰是万恶之源，是滋生邪恶的温床；懒惰是七大致命的罪孽之一，它是恶棍们的靠垫和枕头，懒惰是魔鬼们的灵魂……一条懒惰的狗都遭人唾弃，一个懒惰的人当然无法逃脱世人对他的鄙弃和惩罚。再也没有什么事情比懒惰更加不可救药的了，一个聪明然而却十分懒惰的人本身就是一种灾祸，这种人必然成为邪恶的走卒，是一切恶行的役使者，因为他们的心中已经没有劳动和勤奋的地位，所有的心灵空间必然都让恶魔占据了，这正如死水一潭的臭水坑中的各种寄生虫、各种肮脏的爬虫都疯狂地增长一样，各种邪恶的、肮脏的想法也在那些生性懒惰的人们的心中疯狂地生长，这种人的心思灵魂都被各种邪恶的思想腐蚀、毒化了……"

一个人对生活所持的态度和他的习惯、才智有着密切的联系。成功的人比起一般的人来，他生活和工作的态度一定是更能吃苦、更努力、更勤奋，而且，他们也做得比别人更多。

如果他是一位成功的科学家，那么，在取得成功的过程中，他一定付出了艰苦的劳动，一定经过了无数次的失败。没有一个成功的人例外，没有一个成功的人是不付出艰辛劳动的。

牛顿是世界一流的科学家。当有人问他到底是通过什么方法发现万有引力定律的,他诚实地回答道:"总是思考着它们。"还有一次,牛顿这样表述他的研究方法:"我总是把研究的课题置于心头,反复思考,慢慢地,起初的点点星光终于一点一点地变成了阳光一片。"正如其他有成就的人一样,牛顿也是靠勤奋、专心致志和持之以恒才取得巨大成就的,他的盛名也是这样取得的。放下手头的这一课题而从事另一课题的研究,这就是他的娱乐和休息。牛顿曾说过:"如果说我对公众有什么贡献的话,这要归功于勤奋和善于思考。"

伟大的哲学家开普勒也这样说过:"只有对所学的东西善于思考才能逐步深入。对于我所研究的课题我总是追根究底,想出个所以然来。"

培养勤奋的工作态度是很关键的。一旦养成了一种不畏劳苦、敢于拼搏、锲而不舍、坚持到底的劳动品质,无论我们干什么事,都能在竞争中立于不败之地。

相反,懒惰的人不会有好下场。懒惰,其实就是否定自己。把自己的生命,一点点送入虚无,而不想做一次奋斗,拯救自己。

勤奋的人瞧不起懒惰的人,心灵的恬静是勤奋的人始终追求的,而懒惰的人却是始终沉湎于肢体的舒适之中。怕吃苦、怕受累是懒惰者的症状,一无所得,受人嘲笑是懒惰者的下场。

人生短暂,被"懒惰"的习惯占据,就等于慢性自杀。真正的幸福绝不会光顾那些精神麻木、四体不勤的人们,什么都不做的结果就是一事无成,甚至丧失生存权。当你产生了抛弃懒惰恶习的念头时,也就同步获得了最基本的生存权。

懒惰是一种使人丧失斗志的精神重负。四体不勤的人们,幸福之花是靠辛勤的劳动和汗水来浇灌的,请记住:成功永远属于辛勤劳动的人。

勤奋者的人生哲学是一勤天下无难事

古今中外，凡是在事业上有所成就的人，无一不是勤奋刻苦的楷模，是勤奋铸就了他们一生事业的成功，中国有句俗语叫"一勤天下无难事"说出了一个很深刻的道理：一切事业的成功，都需要勤奋作为基础条件，只要勤奋，生存的大门永远为你敞开。

传说古希腊有一个叫德摩斯梯尼的演说家，因小时候口吃，登台演讲时声音浑浊，发音不准，常常被雄辩的对手所压倒。

可是，他不气馁，为克服这个缺点，战胜雄辩的对手，他每天口含石子，面对大海朗诵，不管春夏秋冬，雨雪风霜，50年如一日，连爬山、跑步也边走边做着演说，终于成为全希腊最有名气的演说家。

古语云"天道酬勤"，便是说机会之神只钟情于埋头苦干的人。

法国著名微生物学者巴斯德，小学时因成绩不好被人看成"没有出息的学生"，但他靠着一股子钻劲，在字典中选择三个词——"意志、工作、等待"作为他努力的准则，终于成为伟大的生物学家。

说到政治家，日本一位首相田中角荣，就是一个苦学成功的典型。

他只是一个建筑学校的中专毕业生，被一些高等学校毕业的佼佼者所轻视。然而，他不因为没有上过大学而自卑，相反，经过努力奋斗，终于步入政界，成为日本第一位平民首相。

至于被称为"超人"的基辛格，原是一个被纳粹迫害的犹太难民，因念不起高中，曾在牙刷工厂勤工俭学，还当过二等兵。后来靠他努力奋斗，终于成为哈佛大学的名教授，并当上了国务卿，还获得了诺贝尔和平奖。

他们获得了成功是因为他们有实力，但是他们的实力是从辛勤努力中得来的。

俗话说，笨鸟先飞早入林。不管是工作还是学习，勤奋可以弥补自己的先天不足。勤奋努力如同一杯浓茶，比成功的美酒更对人有益。一个人如果毕生能坚持勤奋努力，本身就是一种了不起的成功，它是一种精神上焕发出来的光彩，绝非胸前的一打奖章所能比拟的。

"勤能补拙是良训，一分辛苦一分才。"作为世界体坛冉冉升起的巨星，姚明已经成为全世界年轻人的偶像。与其他NBA球员相比，姚明的体质偏差，他的妈妈遗憾的是，没能给他一个强壮的身体。

但姚明相信勤能补拙，每次训练课前，他总要自己先练上一个小时的体能。那时的教练组非常重视姚明的训练，一天从早到晚要练四次，即早上、上午、下午和晚上。姚明很有上进心，训练刻苦又肯开动脑筋，所以进步特别明显。那时负责给姚明他们洗衣服、鞋子的师傅说："姚明的训练可真刻苦，大冬天还出那么多汗，鞋子倒得出水，毛巾拧得出汗来！"

终于功夫不负有心人，一颗亿万人瞩目的新星在自己的不断努力下诞生了。

没有人能只依靠天分成功。上帝给予了天分，勤奋将天分变为天才。

曾国藩是中国历史上最有影响的人物之一，然而他小时候的天赋却不高。有一天在家读书，对一篇文章重复不知道多少遍了，还在朗读，因为他还没有背下来。这时候他家来了一个贼，潜伏在他的屋檐下，希望等读书人睡觉之后捞点好处。可是等啊等，就是不见他睡觉，还是翻来覆去地读那篇文章。贼人大怒，跳出来说，"这种水平还读什么书？"

然后将那文章背诵一遍，扬长而去！

贼人很聪明，至少比曾先生要聪明，但是他只能成为贼，而曾先生却成为毛泽东都钦佩的人。

牛顿有一句名言："天才就是勤奋，勤奋，再勤奋。"在牛顿看来，勤奋是成功的关键。著名科学家富兰克林说："勤勉是好运之母，上帝把一切事物都赐予勤勉。"一个人要想在工作中出人头地，达到事业的高峰，都离不开勤奋努力，否则，一切都是空谈。

船王包玉刚在美国哈佛大学商学院演讲时说："成功并无捷径，要成为信誉良好的企业家，就要勤奋苦干，有想象力，善用经验。还有我承认要有一点精明稳健经营的头脑。"

包玉刚没有上过大学，但他干一行、学一行、钻一行，兢兢业业、勤勤恳恳，持之以恒。从银行业到贸易业，从航运业到地产业，他都下功夫钻研，力求精通。他刻苦自学英语几十年如一日，用英语交谈已能应答自如，在各地旅行时可以不带翻译和秘书。

他到香港时，对海运业务一窍不通，但他勤奋好学。他派人到伦敦买了一批有关租船和海运财务的基础书籍以及如何经营货船的手册，用这些新的知识武装自己的头脑。他一心扑在油轮和货轮上，监督着经营业务的各个部门。

包玉刚事必躬亲，自律严谨，全力以赴。每当他向主管部门提出一个问题后，他都要立即得到答复。有一雇员说："包玉刚曾对我说，如果你脑海里泛起一个新的想法，必须立即将它记录下来，无论你当时是正在用晚餐或是沐浴。后来，我终因工作压力太大而离职。"

包玉刚认为，干事业的人如果对工作中的主要细节不了解不检查，就可能出现问题。他经营航运业的早期，属下的船只不管在何处出了毛病，只要时间许可，他都要赶赴现场亲自处理，直到问题彻底解决方才离去。后来船队扩大了，但环球航运集团采取任何一项重要决定，购进任何一条新船，录用任何一位重要人员，他仍要亲自过问。造新船时，他除派去经验丰富的验船师，并及时听取质量进度汇报外，一般还要亲自登船查看。因此，每次出席下水或交船仪式，他都能说出这条船主要问题的细节。

近年来，香港李嘉诚先生的成就引起越来越多的人的关注，并进而探讨其成功的原因。有人说他靠的是"幸运"。

李嘉诚对这个问题发表了如下看法：

"在20岁前，事业上的成果百分之百是靠双手勤劳换来的；20岁至30岁之间，事业已有些小基础，那10年的成功，10%靠运气好，90%仍是靠勤劳得来的；之后，机会的比例也渐渐提高，到现在，运气已差不多占三至四成了。"

后来，李嘉诚继续阐述他的观点：

"对成功的看法，一般中国人多会自谦那是幸运，极少有人说那是由勤奋及有计划的工作得来的。我觉得成功有三个阶段：第一个阶段无非是靠勤奋工作，不断奋斗而获得成功；第二个阶段，虽然有少许幸运存在，但也不会很多；第三个阶段呢？当然也要靠运气，但如果没有个人条件，运气来了也会跑掉的。"

因此，《巨富与世家》一书的作者分析道："李先生认为早期的勤奋，正是他储蓄资本的阶段，这也就是西方人士称为'第一桶金'的观念。"

再谈勤奋这个话题，似乎是"老生常谈"，但是谁都不能否认，"勤能补拙，天道酬勤，勤奋出真知"是千古不变的真理，只有勤奋才是通向成功的唯一捷径。

崇尚"做"的生存哲学

世界上没有免费的午餐

人们从小就受到这样的教育：不劳而获可耻，不劳动者不得食。其实，这样简单的道理人人都懂，但是未必人人都能做到真正地去"劳动"。就有那样一些人，他们厌恶劳动，不想付出任何辛苦，只是幻想哪天"天上能掉下个大馅饼"砸到自己身上，自己可能出门捡到钱包，可能买彩票中了大奖，一夜暴富。实际上，对于有一些人来讲，突然暴富倒未必是好事，因为一个人的所得如果不是靠劳动换来的，他是不会珍惜的。因为来得容易可能会去得更快。因此，从某种意义上说，突然暴富比贫穷更危险。世界上没有白白获得的东西，成功不会从天而降，需要自己去争取，去寻求，去创造。守株待兔得来的永远只有一只兔子，只有积极地行动起来，才会获得成百上千只兔子。

在西方流传着这样一个故事：

许多年前，一位聪明的国王召集了一群聪明的臣子，给了他们一个任务："我要你们编一本各时代的智慧录，好流传给子孙。"这些聪明人

上篇 做"虚":思想超前做法才会超前

离开国王后,工作了一段很长的时间,最后完成了一本十二卷的巨作。

国王看了以后说:"各位先生,我确信这是各时代的智慧结晶,然而,它太厚了,我怕人们不会读,把它浓缩一下吧。"这些聪明人又长期努力地工作,几经删减之后,完成了一卷书。然而,国王还是认为太长了,又命令他们再浓缩,这些聪明人把一卷书浓缩为一章,又浓缩为一页,然后减为一段,最后变为一句话。

聪明的老国王看到这句话后,显得很满意。"各位先生,"他说,"这真是各时代智慧的结晶,并且各地的人一旦知道这个真理,我们大部分的问题就可能解决了。"

这句话就是:"天下没有白吃的午餐。"这则寓言告诉人们这样一个道理:没有积极的行动,你就与成功无缘。下面讲到的两个女孩,由于采取了两种不同的方式,出现两种截然不同的结果。她们的经历对那些期待不劳而获的人而言,无不是一个警醒。

有一位名叫娜塔莎的俄罗斯女孩,她的父亲是莫斯科有名的整形外科医生,母亲在一家声誉很高的大学担任教授。她的家庭对她有很大的帮助和支持,她完全有机会实现自己的理想。她从念中学的时候起,就一直梦想当上电视节目的主持人。她觉得自己具有这方面的才干,因为每当她和别人相处时,即便是生人也都愿意亲近她并和她长谈。她知道怎样从人家嘴里掏出心里话。她的朋友们称她是他们"亲密的随身精神医生"。她自己常说:"只要有人愿给我一次上电视的机会,我相信我一定能成功。"

但是,她为达到这个理想而做了些什么呢?她什么也没做;而在等待奇迹出现,希望一下子就当上电视节目的主持人。

生存三做

娜塔莎不切实际地期待着，结果什么奇迹也没有出现。

谁也不会请一个毫无经验的人去担任电视节目主持人。而且，节目的主管也没有兴趣跑到外面去找人，相反都是别人去找他们。

另一个名叫玛莉的女孩却实现了同娜塔莎一样的理想，成了著名的电视节目主持人。玛莉并没有白白地等待机会出现。她不像娜塔莎那样有可靠的经济来源，所以她白天去打工。晚上在大学的舞台艺术系上夜校。毕业之后，她开始谋职，跑遍了圣彼得堡每一个广播电台和电视台。但是，每一个地方的经理对她的答复都差不多："不是已经有几年经验的人，我们不会雇用的。"

她不愿意退缩，也没有等待机会，而是走出去寻找机会。她一连几个月仔细阅读广播电视方面的杂志，最后终于看到一则招聘广告，有一家很小的电视台招聘一名预报天气的女主持人。

玛莉在那里工作了两年，最后在圣彼得堡的电视台找到了一个工作。又过了五年，她终于得到提升，成为她梦想已久的节目主持人。娜塔莎那种失败者的思路和玛莉的成功者的观点正好背道而驰。她们的分歧点就在于，娜塔莎在10年当中，一直停留在幻想上，坐等机会，期望时来运转，然而，时光却流逝了。而玛莉则是采取行动。首先，她充实了自己；然后受到了训练；接着，在圣彼得堡积累了比较多的经验；最后，终于实现了理想。

失败者谈起别人获得的成功总会愤愤不平地说："人家有好运气。"他们不采取行动，总是等待着有一天他们会走运。他们把成功看作是降临在"幸运儿"头上的偶然事情。而成功者都是勤奋的人，他们从来都不靠运气，只是忙于解决问题，忙于把事情做好。培养勤奋的工作态度是很关键的一环。一旦养成了一种不畏劳苦、敢于拼搏、锲而不舍、坚持到底的劳动品质，无论我们干什么事，都能在竞争中立于不败之地。即使从事最简单的工作也少不了这些最基本的"品格"。

杰克饲料厂的厂长迈克尔之所以能够由一个速记员一步一步往上升，就是因为他能做别人不愿意做的工作。他最初是在一个懒惰的书记之下做事，那书记总是把事情推到下面职员的身上去。有一次，杰克先生叫他编一本前往欧洲时需要的密码电报书，那个书记的懒惰使迈克尔有了做事的机会。迈克尔做这个工作时，并不是随意简单地编几张纸片，而是把它们编成一本小小的书，并且用打字机清楚地打出来，然后再用胶装订好。做完之后，那个书记便把电报本交给杰克先生。

"这大概不是你做的吧？"杰克先生问。

"不……是……"那书记战栗着回答道。

"是谁做的呢？"

"我的速记员迈克尔做的。"

"你叫他到我这里来。"

迈克尔到办公室来了，杰克说："小伙子，你怎么会想到把我的电码做成这个样子的呢？"

"我想这样你用起来会方便些。"

"你什么时候做的呢？"

"我是晚上在家里做的。"

"啊，我很喜欢它。"

过了几天之后，迈克尔便顶替了以前那个书记的位置。

以上的事例说明：成功不是一蹴而就的，成功者从来不放过每一次

生存三做

做事的机会。不管大事小事他们都乐于去做，他们跟一般人比起来，更能吃苦，更努力，更勤奋，也比别人做得更多。你应该相信自己能够使成功成为你生活中的组成部分，你能够使昨日的理想成为今天的现实，光靠愿望和祈祷是不行的，必须努力去做才能让你的理想实现。成天等待免费午餐的人，只会在消极的等待中丧失生命的活力和亮色。

专注、认真地做好每一件事

人们在生活中都有这样的体会：有的人爱好广泛，什么事都想去尝试，结果却是什么事都没做好，其实"多才多艺不如专精一门"不如把心思放在一件事上专心地把它做好。

"一次只做一件事"，就意味着集中目标，不轻易被其他诱惑所动摇，经常改换目标，见异思迁或是四面出击，往往不会有好结果。

有一个人从小文科成绩都一直不好。他的读写速度很慢，英文课需要阅读经典名著时，只能从漫画版本下手。他常常说："我的脑袋里有想法，但是却没有办法将它写出来。"后来医生诊断他患有识字障碍。他之后凭借优异的数理成绩，进入美国名校斯坦福大学就读。他发现商业课程对他而言比较容易，于是选择经济为主修，在英文及法文仍然不及格的同时，全力投注于商学领域，获得 MBA 学位。毕业时，他向叔叔借了 10 万美元，开始自己的事业。1974 年，他于旧金山创立公司，如今已名列世界 500 强企业，拥有 2.6 万多名员工。

他就是施瓦布，嘉信理财（Chadcs Sehw）的董事长兼 CEO（首席执行官）。现在，施瓦布的读写能力仍然不佳，当他阅读时必须念出来，有时候一本书要看六七次才能理解，写字时也必须以口述的方式，借助电脑软件完成。

一个先天学习能力不足的人，何以能成就一番事业？施瓦布的答案是：由于学习上的障碍，让他比别人更懂得专注和用功。

"我不会同时想着18个不同的点子，我只投注于某些领域，并且用心钻研。"他说。

这种做事认真的专注态度，也展现于嘉信27年的历史中。当其他金融服务公司将顾客锁定于富裕的投资者时，嘉信推出平价服务，专心耕耘一般投资大众的市场，终于开花结果。之后随着科技的进步及顾客的增长，嘉信于每个时期都有专注的目标，许多阶段的努力成果，都成为业界模仿的对象，在金融业立下一个个里程碑。

"一次只做一件事"意味着一个人在某一段时间里只把精力集中于一件事情，把一件事做到底。综观失败的案例，大约有50%的情况是由于半途而废，未能坚持下去所致。

一个人的精力是有限的，把精力分散在好几件事情上，不是明智的选择，而是不切实际的考虑。在这里，我们提出"一件事原则"，即专心地做好一件事，就能有所收益，能突破人生困境。这样做的好处是不至于因为一下想做太多的事，反而一件事都做不好，结果两手空空。

想成大事者的人不能把精力同时集中于几件事上，只能关注其中之一。也就是说，人们不能因为从事分外工作而分散了自己的精力。

如果大多数人集中精力专注于一项工作，他们都能把这项工作做得很好。

在对一百多位在其本行业获得杰出成就的男女人士的商业哲学观点进行分析之后，有人发现了这个事实：他们每个人都具有专心致志和明确果断的优点。

最成功的商人都是能够迅速而果断做出决定的人，他们总是首先确定一个明确的目标，并集中精力，专心致志地朝这个目标努力。

伍尔沃斯的目标是要在全国各地设立一连串的"廉价连锁商店"，于是他把全部精力花在这件工作上，最后终于完成了此项目标，而这项目标也使他成了成大事者。

林肯专心致力于解放黑奴，并因此使自己成为美国最伟大的总统。

李斯特在听过一次演说后，内心充满了成为一名伟大律师的欲望，他把一切心力专注于这项目标，结果成为美国最有成就的律师之一。

伊斯特曼致力于生产柯达相机，这使他赚取了数不清的金钱，也给全球数百万人带来无比的乐趣。

海伦·凯勒专注于学习说话，因此，尽管她又聋、又哑而且还瞎，但她还是实现了她的明确目标。

可以看出，所有成大事的人物，都把某种明确而特殊的目标当作他们努力的主要推动力。

专心就是把意识集中在某一个特定欲望上的行为，并要一直集中到已经找出实现这项欲望的方法。

对于任何东西，你都可以渴望得到，而且只要你的需求合乎理性，并且十分强烈，那么"专心"这种力量将会帮助你得到它。

假设你准备成为一个成大事的作家，或是一位杰出的演说家，或是一位成大事的商界主管，或是一位能力高超的金融家，那么你最好在每天就寝前及起床后，花上十分钟，把你的思想集中在这项愿望上，以决定应该如何进行，才有可能把它变成事实。

当你要专心致志地集中你的思想时，就应该把你的眼光望向一年、三年、五年甚至十年后，幻想你自己是这个时代最有力量的演说家；假设你拥有相当不错的收入；假想你利用演说的金钱报酬购买了自己的房子；幻想你在银行里有一笔数目可观的存款，准备将来退休养老之用；想象你自己是位极有影响的人物；假想你自己正从事一项永远不用害怕失去地位的工作……唯有专注于这些想象，才有可能付出努力，美梦成真。

一次只专心地做一件事，全身心地投入并积极地希望它成功，这样你的心里就不会感到筋疲力尽。不要让你的思维转到别的事情、别的需要或别的想法上去。专心于你已经决定去做的那个重要项目，放弃其他所有的事。

了解你在每次任务中所需担负的责任，了解你的极限。如果你把自己弄得筋疲力尽和失去控制，那你就是在浪费你的效率、健康和快乐。选择最重要的事先做，把其他的事放在一边。做得少一点，做得好一点，才能在工作中得到更多的快乐。

成功者之所以能成功，其中最重要的诀窍之一就是一次只做一件事，把一件事做到底。"一次只做一件事"，就意味着锁定目标，不轻易被其他诱惑所动摇，经常改换目标、见异思迁或是四面出击，绝对不会有好结果。

生存三做

做好小事才能成就大业

勿以事小而不为

在现实社会中，每一个人所做的工作都是由一件件小事组成的，但人们不能因此而忽视工作中的小事。成功者与失败者的最大的区别就是：成功者从不认为自己所做的事是简单的小事。很多时候，一件看起来微不足道的小事，或者一个毫不起眼的变化，却能起到关键的作用。

希尔顿饭店的创始人、世界旅馆业之王康·尼·希尔顿就是一个非常注重小事的人。他经常这样要求他的员工："大家牢记，万万不可把我们心里的愁云摆在脸上！无论我们饭店遭到何等的困难，希尔顿服务员脸上的微笑永远是顾客的阳光。"

正是这小小的微笑，让希尔顿饭店获得了极佳的声誉。

没有哪一件工作是没有意义的，每一件小事都有自己的意义。

饭店的服务员每天的工作就是对顾客微笑、打扫房间、整理床单等小事；快递员每天的工作也是送递邮件。他们是否对此感到厌倦、毫无意义而提不起精神？

但是，这就是你的工作，你必须做好它。

一位年轻的女工进入一家毛织厂以后一直从事织挂毯的工作，做了几个星期之后她再也不愿意干这种无聊的工作了。

她去向主管辞职，无奈地叹气道："这种事情太无聊了，一会儿要我打结，一会儿又要把线剪断，这种事完全没有意义，真是在浪费时间。"

主管意味深长地说:"其实,你的工作并没有浪费,虽然你织出的只是很小的一部分,但是它是非常重要的一部分。"

然后主管带着她走到仓库里的挂毯面前,年轻的女工呆住了。

原来,她编织的是一幅美丽的百鸟朝凤图,她所织出的那一部分正是凤凰展开的美丽的羽毛。她没想到,在她看来没有意义的工作竟然这么伟大。

可见,工作并无小事,每一件小事都可以算是大事,要想把每一件事做到完美,就必须固守自己的本分和岗位,付出自己的热情和努力。这就是做出了最好的贡献。

职业道德要求我们每一个员工对待小事和对待大事一样认真。许多小事并不小,那种认为小事可以被忽略、置之不理的想法,只会导致工作不完美。

美国标准石油公司曾经有一位小职员叫阿基勃特。他在出差住旅馆的时候,总是在自己签名的下方,写上"每桶4美元的标准石油"字样,在书信及收据上也不例外,签了名,就一定写上那几个字。他因此被同事叫作"每桶4美元",而他的真名倒没有人叫了。

公司董事长洛克菲勒知道这件事后说:"竟有如此努力宣扬公司声誉的职员,我要见见他。"于是,洛克菲勒邀请阿基勃特共进晚餐。

后来,洛克菲勒卸任,阿基勃特成了第二任董事长。

也许,在我们大多数人的眼中,阿基勃特签名的时候署上"每桶4美元的标准石油",这是小事一件,甚至有人会嘲笑他。

可是这件小事,阿基勃特却做了,并坚持把这件小事做到了极致。

那些嘲笑他的人中，肯定有不少人才华、能力在他之上，可是最后，只有他成了董事长。

可见，任何人在取得成就之前，都需要花费很多的时间去努力，不断做好各种小事，才会达到既定的目标。

一个人的成功，有时纯属偶然，可是，谁又敢说，那不是一种必然呢？

恰科是法国银行大王，每当他向年轻人谈论起自己的过去时，他的经历常会令闻者肃然起敬。人们在羡慕他的机遇的同时，也感受到了一个银行家身上散发出来的特质。

还在读书期间，恰科就有志于在银行界谋职。一开始，他就去一家最好的银行求职。一个毛头小伙子的到来，对这家银行的官员来说太不起眼了，恰科的求职接二连三地碰壁。后来，他又去了其他银行，结果也是令人沮丧。但恰科要在银行里谋职的决心一点儿也没受到影响。他一如既往地向银行求职。有一天，恰科再一次来到那家最好的银行，"胆大妄为"地直接找到了董事长，希望董事长能雇用他。然而，他与董事长一见面，就被拒绝了。对恰科来说，这已是第52次遭到拒绝了。当恰科失魂落魄地走出银行时，看见银行大门前的地面有一根大头针，他弯腰把大头针拾了起来，以免伤人。

回到家里，恰科仰卧在床上，望着天花板直发愣，心想命运为何对他如此不公平，连让他试一试的机会也没给，在沮丧和忧伤中，他睡着了。第二天，恰科又准备出门求职，在关门的一瞬间，他看见信箱里有一封信，拆开一看，恰科欣喜若狂，甚至有些怀疑这是否在做梦，他手里的那张纸是银行的录用通知。

原来，昨天就在恰科蹲下身子去拾大头针时，被董事长看见了。董事长认为如此精细谨慎的人，很适合当银行职员，所以，改变主意决定雇用他。正因为恰科是一个对一根针也不会粗心大意的人，因此他才得以在法国银行界平步青云，终于有了功成名就的一天。

于细处可见不凡，于瞬间可见永恒，于滴水可见江河，于小草可见春天。上面说的都是一些"举手之劳"的事情，但不一定人人都愿"举手"，或者有人偶尔为之却不能持之以恒。可见，"举手之劳"中足以折射出人的崇高与卑微。难怪古人云："勿以善小而不为。"

任何小事都要求我们必须具备一种脚踏实地的态度，正是我们对一些小事情的处理方式，决定了我们是否能成大事。小事可以成就大业，因此，我们应做到勿以事小而不为。

小事成就大事，细节缔造完美

卡耐基曾说过："不要害怕把精力投入似乎很不起眼的工作上，每次你完成一个小工作，它都会使你变得更强大。"所以不要小看细节，一个小小的细节也许就是决定你命运的契机。

在欧洲，有一首流传很广的民谚：因为一根铁钉，我们失去了一块马蹄铁；因为一块马蹄铁，我们失去了一匹骏马；因为一匹骏马，我们失去了一名骑手；因为一名骑手，我们失去了一场战争的胜利。

为了一根铁钉而输掉一场战争，这正是疏忽了小事的恶果。

你认真观察就会发现，那些成功者及伟人都是注意小事的人，注意小事，方可成功。

克里米亚战争造成了巨大的人员伤亡和财产损失。欧洲的四大强国

生存三做

英国、法国、土耳其和俄国都被牵连了进来,而战争最初却是因一把钥匙而起。

一个小小的细节,一件再小不过的事情,往往就蕴含着巨大的危机和决定你一生成败的因素。

有位智者曾说过这样一段话:"不会做小事的人,很难相信他会做成什么大事。做大事的成就感和自信心是由小事的成就感积累起来的。可惜的是,我们平时往往忽视了它,让那些小事擦肩而过。"

勿以善小而不为,勿以恶小而为之。小事正可于细微处见精神。有做小事的精神,就能产生做大事的气魄。不要小看做小事,不要讨厌做小事。只要有益于工作,有益于事业,人人都应从小事做起,用小事堆砌起来的事业大厦才是坚固的,用小事堆砌起来的工作长城才是牢靠的。

那种大事干不了、小事又不愿干的心理是要不得的。小到个人,大到一个公司、企业,它们的成功发展,正是来源于平凡工作的积累。能够认真对待每一件事,能够把平凡工作做得很好的人,才是能够发挥实力的人。因此不要看轻任何一项工作,没有人可以一步登天,当你认真对待了每一件事,你会发现自己的人生之路越来越广,成功的机遇也会接踵而来。

有位女大学生,毕业后到一家公司上班,只被安排做一些非常琐碎而单调的工作,比如早上打扫卫生,中午预订盒饭。一段时间后,女大学生便辞职不干了。她认为,她不应该蜷缩在"厨房"里,而应该上得"厅堂"。

可是一屋不扫,何以扫天下。一个普通的职员,即使有很好的条件,想被重用,也要受一段不短时间的煎熬,最重要的是要努力做出能让别人倾听到自己意见的资格和成绩，在别人眼里，你才能举足轻重，不易被人忽视。

因此，从小事做起的工作，是对年轻人最好的锻炼。

曾有一位人事部经理感叹道："每次招聘员工，总会碰到这样的情形：大学生与大专生、中专生相比，我们认为大学生的素质一般比后者高。可是，有的大学生自诩为天之骄子，到了公司就想唱主角，强调待遇。别说挑大梁，真正找件具体工作让他独立完成，却往往拖泥带水，漏洞百出。本事不大，架子却不小，还瞧不起别人。大事做不来，安排他做小事，他又觉得委屈，埋怨你埋没了他这个人才，不肯放下架子干。我们招人是来做事的，做不成事，光要那大学生的牌子干吗？所以有时候，大学生、大专生、中专生相比之下，大专生、中专生反而更实际，更有用。"

现在，很多企业急需人才，而有的大学生却被拒之于门外，不受欢迎，不被接纳，对此现象，该人事部经理算是道出了其中缘由。

别人不愿意端茶倒水，你更要端出水平；别人不愿意洗涮马桶，你更要涮得明亮；别人不愿意操练，你更要加强自我操练；别人不愿意做准备，你更要多做准备；别人不愿意付出，你更要多付出。

有这样一位年轻人，他总是被公司当作替补队员，哪儿缺人手就被调到哪儿，自己的能力无法正常发挥。这位先生沮丧地向他的同学、现在已是一家公司的人力资源部经理诉苦道："这样值得继续干下去吗？我觉得自己的专长无法发挥出来。"昔日同学很认真地告诉他："你经常被调到不同岗位磨炼，是辛苦的，但只要你努力肯学，应该也能胜任，否则你的公司不会做这样的调度。现在，你在工作中的表现第一是努力，

生存三做

第二是努力，第三还是努力，那么过不了多久，公司员工之中磨炼最多的是你，能为公司贡献才智的也是你，你应该有这种认识。"最后，同学又口授他一条成功秘诀：肯干就是成功，患得患失，拈轻怕重，就会失去成长的机会。受苦是成功与快乐的必经历程。一年后，他终于成为公司中最耀眼的新星。

注重观察细微之处并发现其内在价值，这是许多大商人、艺术家、科学家以及其他伟大人物的成功之道。于细微之处见精神，这也是他们的过人之处。

当富兰克林发现闪电现象与电的一致性时，有人讥讽他说："这有什么用呢？"对此，富兰克林回答说："小孩子有什么用呢？但他会成为一个有所作为的大人。"意大利物理学家伽凡尼观察到当青蛙的腿接触不同的金属制品时都会骤然抽动一下。没有人想到正是这一微不足道的发现导致一项重大发明的出现。伽凡尼由此受到启发，从而产生了发明电报的设想，电报的发明使整个大陆迅速联系起来，由此引起电信方面的一系列重大变革。

今天，通信技术已绝非过去所能比。但谁曾想到，造成一个时代发生如此伟大变革的发明竟然是始于一个如此简单的"观察"。从地下挖出来的小小石块或化石，平凡而不起眼，但由此却产生了一门新的科学——地质学。人们凭借地质学的知识，通过识别一块小小的矿石而投资开矿，有多少钱财就源源不断地从矿山中流了出来。

一切伟大的事情都是源于微小的事物，善于发现、善于思考才能成就大的事业。

生活就是由各种各样的小事构成的，做任何大事都要从小事开始，所谓"万丈高楼平地起",没有人能一口吃个胖子。《老子》说:天下难事,必作于易;天下大事,必作于细。千里之行,始于足下,想成大树,就从脚下开始,从毫末做起,不屑于平凡小事的人,即使他的理想再壮丽,也只能是一个五彩斑斓的肥皂泡。想要壮志凌云,必须脚踏实地,专注于小事。

"做"要持之以恒,不轻言放弃

"做"要找准人生的目标

目标是做事的一个灯塔,人们所有的精力与力气都是为它储备的。目标的大小直接决定着成功事情的大小。正如拿破仑所说:我成功,因为我志在成功。

用拿破仑那句"我成功,因为我志在成功"的名言来形容韩国三星企业集团董事长李秉哲标榜的"第一主义",可说最恰当不过了。

李秉哲是韩国的首席企业家,他所拥有的32家关系企业,包含了制糖、毛织、食品、电子、建筑、造船、金融、保险、证券、报纸、旅馆、百货公司、医院等,从消费到生产,几乎网罗了各行各业;员工12万人,为韩国最大的企业集团,并跻身世界大企业排名第23。

基于李秉哲的"第一主义",他提出"事事第一"与"利润第一"

的经营口号，并且要求所有的三星企业，都必须做到"第一"。

盖肥料工厂时，他要求建成世界规模最大；兴建电子厂时，其面积也要超过日本最大的电子厂；到日本，他要住东京最大的大仓大酒店；定做衣服，他要求用最好的料子。

李秉哲常说："生产品质低劣的产品，虽不犯法，但有失公德，将受社会正义的挞伐。"所以每当三星要开发新产品时，他都会先到世界各国搜集同类的高级产品，以之为学习对象。

有一次，三星投资兴建新罗观光大酒店，他指示必须是韩国首屈一指的旅馆。结果，其设备输给了几乎与"新罗"同时落成的乐天大酒店。为了此事，他大发雷霆，把施工负责人找来痛骂一顿。他最在意的就是——不如人。

此外，"人才第一"也是李秉哲重要的经营哲学，他六亲不认，唯才是用。每年的2月11日，所属三星关系企业的负责人，将因个人业绩表现，或奖或惩，或升或降，毫无人情可讲；任何不称职的企业主管，都将在这一天遭受申斥之后，并予免职。

"三星"在韩国的知名度极高，已达妇孺皆知的地步。常听韩国人说："'三星'是韩国商场上的大白鲨，不管什么行业，'三星'一插手，别人就甭想混了！"由此可见"三星"在韩国已是名副其实的"第一"了。

李秉哲说："谁不想成为第一呢？三星的第一是靠智慧、力量与机缘所造成的。"

虽说目标能够刺激我们奋勇向上，但是，对许多人来说，拟定目标实在是不容易，原因是我们每天单是忙在日常的工作上，就已透不过气，哪还有时间好好想想自己的将来。但这正是问题的症结，就是因为没有目标，每天才弄得没头没脑，焦头烂额，这只是一个恶性循环罢了！

另外有些人不敢去承诺是因为他们不敢接受改变，与其说是安于现状，不如坦白一点，那是没有勇气面对新环境可能带来的挫折和挑战。这些人最终只会是一事无成！

在人生旅途上，没有承诺就好像走在黑漆漆的路上，不知往何处去。而所谓的承诺，就是你对自己未来成就的期望，确信自己能达到的一种高度。这种承诺也就是通常所说的目标。目标为我们带来期盼，刺激我们奋勇向上，当然，在为达到目标而努力奋斗的过程中可能遭遇挫折，但仍能精神抖擞。

美国的一份统计显示，一个人退休以后，特别是那些独居老人，假若没有任何生活目标，每天只是刻板地吃饭和睡觉，虽然生活无忧，但他们后来的寿命一般不会超过七年。心理学家说："没有了目标，便丧失了生存的目的和方向，生存也没有什么意义。"

清晰的目标能协助我们走向正确的方向，不至于走许多冤枉路，就好像赛跑选手一样，他们都是朝着终点进发，目标就是第一个冲线。

更重要的是确定目标能使我们集中意志力，并清楚地知道要怎样做才可获得要追求的成果。怎么说呢？因为必须设定了有什么样的收获，才能心无旁骛、专心致志地去实现目标。

下面的这个故事就说明了这个道理：

一位父亲带了三个儿子到沙漠猎取骆驼，结果大儿子和二儿子都空手而回，只有小儿子猎得骆驼，让老爸开怀。

父亲问大儿子，"你在沙漠上看到什么？"他轻描淡写地说："也没什么，只是一片大漠和几只骆驼而已。"二儿子呢？他又看到什么？他

生存三做

颇兴奋地答道："大哥看到的，我都看到，还有沙丘、猎人、烈日、仙人掌。我还是比大哥优秀吧！"小儿子呢？他认真地答道："我只看到骆驼。"所以，无论你是满不在乎，还是兴致勃勃，如果没有清晰的目标，结果都是一样的，大儿子和二儿子都是白走了一趟。

美国加州大学生物影像研究所主任乔治·布森对一部分人进行调查。他将这些人分为两类：一是设定好目标，再制定一套行动策略去实现目标的人；另一是没有特别设定目标的人。结果，有目标的人，平均每月赚7401美元；没有目标的人，平均每月赚3397美元。正如所料，奋勇向前的那一组人，看来较有冲劲，对生活及工作很满意，婚姻很和谐，身体也很好。

事实上，随波逐流、缺乏目标的人，永远没机会淋漓尽致地发挥自己的潜能。因此，我们一定要做个目标明确的人，生活才有意义。不幸的是，多数人对自己的愿望，仅有一点模糊的概念，而只有少数人会贯彻这模糊的概念。一般人每日上班的理由，是为了重复昨天的工作。假使这是今天去上班的唯一理由，那么你今天的工作很可能与昨天一样。想来真是可悲，许多人在公司5年，却没有5年的经验，只能说有5次一年的经验。他们一再重复过去的表现，对于来年从不订立特定的目标。

美国作家福斯迪克说得好："蒸汽或瓦斯只有在压缩的状态下，才能产生推动力；尼亚加拉瀑布也要在巨流之后才能转化成电力。而生命唯有在专心一意、勤奋不懈的时候，才可获得成长。"

不论是个人、家庭、公司或国家，都需要目标。目标牵涉的层面很广，为达到目标，我们必须尽一切努力。

一代伟人亚历山大大大帝的成败也与目标这个看似简单的词有关。

当亚历山大大帝拥有远景，而远景盘踞他的心中时，他便能征服世界。当他的远景或梦想，一旦消失，却连一只酒瓶也征服不了。正像美国《成功》杂志的创办人奥里森·马登说的那样："没有目标的生命是盲目的，成功的人生就是一个个目标组成的美妙乐章。"

做事不能优柔寡断

优柔寡断的人总是徘徊在取舍之间，无法定夺。这样就会使你本该得到的东西，轻而易举地失去了；本该舍去的东西，却又耗费了自己许多精力。这样的人是个性软弱没有生气的人。他们最终将一事无成。

一位担任著名公司要职的李晓女士，一直以来她工作很投入，很卖力，成绩突出，因此深受上级的赏识，不断地被提拔并被委以新的重任。上任伊始，李晓就面临着许多重要的工作，有些是自己没经历过的，但她不畏惧，非常努力地工作着。她什么事都亲力亲为，唯恐事情办不好。

即使这样，有些需要即刻做出处理的问题在她案头仍然堆积成山，这倒并不是因为她办事效率低，而是有些问题她拿不定主意，便希望放一段时间，等事态更明朗一些再做决定。

所以，许多需要解决的十万火急的问题就在她的案头沉淀下来，老板和同事看待她的工作时，眼中都有了异色。大家对她的评价，也逐渐由赞扬、欣赏转为了办事拖沓，优柔寡断。李晓为此受到困扰和痛苦，夜不能寐，烦躁不安，工作效率也开始下降，无疑，这种情况更加重了她的担心和恐惧，慢慢地当面对未决问题时，她更加感到难以自控。

令李晓觉得心理不平衡的是，她办事的出发点是想再等等看，观察

生存三做

事情有何变化再做决定，没想到，大家的评价竟是"优柔寡断"。

李晓承认她从不担心会把事情搞糟，但是，有时候她会担心没有把事情做得更好。

一旦发觉自己某方面的工作有可能做得不尽人意，则焦虑不安，犹豫不决，久而久之，前怕狼后怕虎的状态出现了，用完了创业初期那种"初生牛犊不怕虎"的气概，事业走下坡路的苗头出现，焦虑症状产生了，一连串的生理、心理疾病就不免产生了。

李晓想让事态变得更明朗时才做决策，以避免做出错误的决策，原本有一定道理，但在瞬息万变的现代社会，机会是稍纵即逝的，所谓"机不可失，时不再来"就是这个道理，而她在等待与拖延中极有可能白白错过机会。何况，公司的工作有一定流程与安排，她的这种解决问题的办法的确会产生危机。莎士比亚笔下的哈姆雷特就是患有优柔寡断这种性格疾病的典型例子。他实际的精神能力和他的理想之间存在着很大的差距。有些人只看见事物一面就很容易做出决定，也很容易分辨出该采取什么样的措施。但哈姆雷特看见了事物的所有方面。他的头脑里充斥了各种各样的观念、恐惧和臆测，他的性格变得优柔寡断、拖泥带水。他无法断定自己看到的鬼魂是否真的就是父亲的冤魂，也无法断定自己的决定是好是坏，是吉是凶，因而他一遍遍地问自己："是活着还是死去？"

墙头草般左右不定的人，无论他在其他方面有多强大，在生命的竞赛中，他总是容易被那些坚持自己的意志且永不动摇的人挤到一边，因为后者明白自己想要做什么并立刻着手去做。甚至可以这样说，连最睿智的头脑都要让位于果敢的判断力。毕竟，站在河的此岸犹豫不决的人，是永远不会登陆彼岸的。

林肯总统在安特塔姆战役刚刚结束后就对国会说:"宣布解放奴隶法的时刻已经到了,不能再拖延下去了。"他认为,公众的情感将会支持这一法令,并且他还对着上帝发誓,自己一定会采纳这一政策。他庄严地宣誓,如果李将军被赶出宾夕法尼亚州的话,他将以解放奴隶来表彰这一胜利。

果断的性格的确让人受惠无穷。也许一开始,你的决断不免有错误,但是你从中得到的经验和益处,足以补偿你因错误而蒙受的损失。而且更为重要的是,你在关键时刻做出决断的自信,会赢得他人的信任。拿破仑在紧急情况下总是立即抓住自己认为最明智的做法,而牺牲其他所有可能的计划和目标,因为他从不允许其他的计划和目标来不断地扰乱自己的思维和行动。这是一种有效的方法,充分体现了勇敢决断的力量。换句话说,也就是要选择最明智的做法和计划,而放弃其他所有可能的行动方案。

莎士比亚说:"我记得,当恺撒说'做这个'时,就意味着事情已经做了。"乔治·艾略特则这样判断一个人:"等到事情有了确定的结果才肯做事的人,永远都不可能成就大事。"

其实,凡世间众人皆有犹豫,但并非所有情况都会在同时发生,它甚至根本就不会发生,因为犹豫是来自自己的想象,只要有坚强的意志力便能将之克服。若能了解这些,接下来的就只有如何去克服问题。如果你能再达成下列几种心理建设,则剩下来的问题也将烟消云散。

每当面临一个新的机会,在斟酌得失之间,犹豫便会在你的内心里悄然出现,阻挠你制胜的决心。这虽然是每个人都有的心理变化,但若

生存三做

不趁早加以克服，便将慢慢累积扩大，当它爬满你的心，且进而侵蚀你的骨髓时，就难以救治。如果你正保持着维持现状的观念，即应早日医治，阻止病菌继续蔓延，并从而将残留在体内的病源完全根除，以免到头来后悔不已！

消除犹豫的方法，只有从正面迎击，别无他法。因为犹豫一旦被姑息，便会常留在你的身边，把机会从你身旁逼走。因此，为能获得机会，就必须先消除犹豫。完成这个步骤，接下来忙不完的工作会迎面而来，多得使你不得不从中选择机会，会让你没有时间去考虑害怕的问题。

请牢记，对自己绝不可放纵，你应正视自己的问题，从正面去尝试解决。譬如你害怕在大庭广众前发表意见，就应在大庭广众前与人交谈；如果你为了加薪问题想找上司谈判，但因心生胆怯，事情一拖再拖，一直无法获得解决，建议你不妨一鼓作气走到上司面前，开门见山地要求加薪，相信结果一定比你想象的还好。

如果你现在心里有尚未完成而需要完成的事，切勿迟疑，赶快开始行动吧！

优柔寡断、犹豫不决就是在浪费做事的机会，成功就会与你擦肩而过。因此，做事一定不能优柔寡断。

第二章

思想的高度决定"做"的成就

一个人的行为是由他的思想来支配的,有什么样的思想就有什么样的行为。成功者有着丰富的想象力,还有一种超前意识,他们能想人所不敢想之事,亦能做人所不敢做之事。可以说他们是敢想敢做的人,敢想是希望的孕育,敢做才能实现希望。只有敢想敢做才能使你抵达成功的殿堂。

敢于想才能做人所不能做

敢想的魅力

敢想是敢做的前提与基础,是迈向成功的第一步,只有迈出这一步,你才有机会施展才能,获得成功。

时间的脚步真是飞快,一转眼到了 21 世纪。人们的生活可以说发

生存三做

生了翻天覆地的变化。过去常听老人讲，将来的生活是"楼上楼下，电灯电话"，现在不但实现了这个愿望，而且当今社会的资讯异常发达，手机已经很普遍了，电脑已经走入了寻常百姓家，这在过去恐怕是人们想都不敢想的。更值得一提的是中国的"神舟六号宇宙飞船"已经飞上了天，国家的综合实力得到了进一步加强。这一切的一切在过去也只是人们的一种美好的幻想，而已，如今却都变成了现实。谁能否认今天的这一切不是以"敢想"作为前提的呢？

成功人士与失败人士之间的差别就在于：成功人士具有一个良好的心态，他们敢于直面困难，敢想敢做，能用最乐观的精神和最丰富的经验来支配和控制自己的人生。失败者刚好相反，他们的人生是受过去的种种失败与疑虑所引导和支配的。希望人们都能睁开心灵的双眼，努力发现周围美好的东西，不断挖掘自身的潜力，敢于大胆地设想自己的目标，并不断为之努力，这样你一定会有美好而充实的人生。

诚然，如今世界上的穷人确实太多了，他们大多数只是甘于过穷日子，从来没有想过自己为什么这么穷，他们没有认清自己还有选择成功的余地。

然而，我们每天听到的却是这样的话："我很喜欢那个东西，但是我买不起"、"我买不起"、"我花不起"。没错，你是买不起，但不必挂在嘴上。如果你不断地说"我买不起"，那你一辈子真的会这样"买不起"下去。选择一个比较积极的想法。你应该说："我会买的，我要得到这个东西。"当你在心中建立了"要得到"、"要买"的想法，你就同时有了期待，心里就有了追求它的激情。千万不要摧毁你的希望，一旦你舍弃了希望，那么你就把自己的生活引入了挫折与失望。

有一个一文不名的年轻人,他说:"总有一天,我要到欧洲去。"坐在旁边的朋友都嘲笑他太天真。

20年之后,那个年轻人带着妻子果然去了欧洲。当时他并没有说:"我想去欧洲,就怕我永远花不起这笔钱。"他心抱希望,希望就给了他动力,促使他为了要去欧洲而有所行动。

假如你说"我花不起",那么一切就会停顿,希望没有了,心智迟钝了,精神也丧失了,久而久之我们就会让自己相信事情是不可能的。而如果我们懂得运用"选择的力量",则能带给我们希望和勇气,使我们能够力行不辍,去获取我们真正想得到的东西。

也许你曾听过这么一则寓言故事:过去在同一座山上,有两块相同的石头,三年后发生截然不同的变化,一块石头受到很多人的敬仰和膜拜,而另一块石头却受到别人的唾骂。这块石头极不平衡地说道:老兄呀,曾经在三年前,我们同为一座山上的石头,今天产生这么大的差距,我的心里特别痛苦。另一块石头答道:老兄,你还记得吗,曾经在三年前,来了一个雕刻家,你害怕割在身上一刀刀的痛,你告诉他只要把你简单雕刻一下就可以了,而我那时想象未来的模样,不在乎割在身上一刀刀的痛,所以产生了今天的不同。

两者的差别:一个是关注想要的,一个是关注惧怕的。过去的几年里,也许同是儿时的伙伴、同在一所学校念书、同在一个部队服役、同在一家单位工作。几年后,发现儿时的伙伴、同学、战友、同事都变了,有的人变成了"佛像"石头,而有的人变成了另外一块石头。

假如有一辆没有方向盘的超级跑车,即使有最强劲的发动机,也一样会不知跑到哪里;同理,不管你希望拥有财富、事业、快乐,还是期望别的什么东西,都要以一种敢想敢做的勇气去实现它。"人生教育之父"卡耐基说:"我们不要看远方模糊的事情,要着手身边清晰的事物。"在这个世界上没有什么做不到的事情,只有想不到的事情,只要你敢想并下定决心去做,你就一定能得到。

洛克菲勒在他还一文不名的时候曾说过:"有一天,我要变成百万富翁。"他果然实现了愿望。所以,你应该了解:一切你想要得到的东西在还未实现之前,本来都只是一些想法。你的经济情况也一样,先要有想法,然后才会变成现实。想法改变了,外在改变也会随之而来,这可是一条永远不变的法则。如果你经常说"我付不起"、"我永远得不到"、"我注定是受穷的命"……那你就封闭了通往自谋幸福的路。只有不时进行选择性的思考,才会改变想法和现实。必要的时候,不妨运用一下想象力,你会发现:以前不敢奢望的好运会降临,生命会有转机,你的生命会出现一种崭新的面貌。

敢想是成功的第一步,有了一个美好的理想之后,接下来就要用积极的心态和行动去实现自己的目标。否则你的理想就会化为华丽的泡沫一瞬即逝。敢想敢做会使你施展全部力量,尽力而为,超越自我,使你把毕生的能力发挥到极限,排除一切障碍,使你的生活更加踏实。你听说过这样一个故事吗?

古时候有一个和尚,早就有这样的想法。要到南海去,但他身无分文,况且路途遥远,交通又极不方便。但他没有被这些困难吓倒,他只有一个信念,一定要到南海去。

于是他沿途化缘,一步一步往南海的方向迈进。路过一个村庄化缘时,他碰到一个富和尚,富和尚问他:"你化缘干什么?"

穷和尚回答:"我要去南海!"

富和尚不由得哈哈大笑起来,"凭你也想到南海?我想到南海的念头已经好几年了,但还一直没有准备充分。像你这样贫困的人,还没到南海,不是累死就是饿死了,还是找个寺庙安稳度日吧!"

穷和尚不为所动,固执地说:"我迟早一定要赶到南海。"

几年以后,穷和尚从南海返回,又路过这个地方,这时富和尚还在准备他的南海之行。

以上故事当中的两个和尚,结局是截然不同的。穷和尚敢于想,也敢于去做;而那个富和尚只是有一个去南海的想法,但是就是不去做,所以他永远都不能去南海。

有两名年龄70岁的老太太:一名认为到了这个年纪可算是人生的尽头,所以没有别的想法,只想料理后事了。另一名却认为一个人能做什么事不在于年龄的大小,而在于敢不敢去想,有没有一个积极的想法。于是,后者在70岁高龄之际开始学习登山,随后的25年里,一直攀登高山从不间断。她还攀登过几座世界有名的高山。后来,她还以95岁的高龄登上了日本富士山,打破了攀登此山的最高年龄纪录。她就是著名的胡达·克鲁斯太太。

其实,成功不分年龄大小,敢想也不是年轻人的专利,只要你是一个敢想敢做的人,那么成功早晚属于你。

福勒一家一直过着很贫穷的生活。不甘与贫困为伍的福勒在心底盘算:"我们的贫穷不是由上帝安排的,而是因为我们家庭中的任何人都没有产生过出人头地的想法……"

我们的贫穷是因为我们不敢去想,我们没有奢想过富裕!这个想法在福勒的心灵深处刻下了深深的烙印，以至成就了他以后无比辉煌的事业。

福勒改变贫穷的愿望像火光一样迸发出来——他挨家挨户出售肥皂达12年之久，并由此获得了许多商人的尊敬和赞赏。以后，福勒不仅在最初工作的那个肥皂公司，而且在其他7个公司都获得了控制权。可以说，福勒获得了巨大的成功。他彻底改变了家庭的贫穷，扭转了家庭的命运。

所有伟大的成就在开始时都不过只是一个想法罢了。无论追求财富，或获取健康，无论谋求功名，或寻找快乐，无论寻求利益，或追逐自由，如要达到目的，首先一定要敢于去想，要有一个强烈的愿望并锲而不舍地为之奋斗。假如你知道你需要什么，那么，当你看见它的时候，你就会很快地认识它并最终抓住它。这就是敢想的魅力所在。

敢想，才能与众不同

在现实生活中，有很多人活得很迷茫、很卑微。他们不知道自己活着的目的何在，每天只是机械地重复着千篇一律的生活。他们对很多事情，不敢去想，不敢去做，更不敢去奢望梦想中的生活，这样的人是注定与成功无缘的，为什么大家不用自己锐利的目光去解剖成功者到底是如何成功的呢？

汤姆·邓普西的故事想必大家有所闻，虽然这个例子很大众化，但是它确实体现出了一个问题——敢于想象就能与众不同。

汤姆·邓普西生下来的时候只有半只左脚和一只畸形的右手，父母怕他丧失信心，经常鼓励他。通过父母的鼓励，他没有因为自己的残疾而感到不安，反而养成了一种争强好胜的个性。果真如此，其他人能做到的事他都能做。例如童子军团行军10千米，汤姆也同样走完10千米。后来他要踢橄榄球，他发现，他能把球踢得比其他男孩子都要远，这更坚定了他要做一个不平凡的人的决心。

后来，他找人为自己专门设计了一只鞋子，参加了踢球测验，并且得到了冲锋队的一份合约。但是教练却一直劝说他，你不具有做职业橄榄球员的条件，最好去试试其他的行业。

这时候，他性格当中那种顽强不服输的劲头又在发挥作用了。汤姆·邓普西提出申请加入新奥尔良圣徒球队，并且请求给他一次机会。教练虽然心存怀疑，但是看到这个男孩有这么大的成功欲望，对他有了好感，因此就收了他。

时间不长，教练越来越喜欢这位浑身充满激情的年轻人了，因为汤姆·邓普西在一次友谊赛中踢出了55码远并且得分，最终使他获得了专为圣徒队踢球的工作，而且在那一季中为他的球队赢得了99分。

一次神圣的时刻，球场上坐满了六万六千名球迷。球是在28码线上，比赛马上就开始了。球队把球推进到45码线上，"邓普西，进场踢球。"教练大声说。当汤姆进场时，他知道他的队距离得分线有55码远，由巴尔迪摩雄马队毕特·瑞奇踢出来的。

球传接得很好，邓普西使足全身的力气将球踢了出去，球笔直地前进。但是踢得够远吗？六万六千名球迷屏住气观看，接着终端得分线上的裁判举起了双手，表示得了3分，球在球门横杆之上几英寸处飞过，汤姆一队以18比17获胜。球迷狂呼乱叫，为获胜者而兴奋，这是只有半只脚和一只畸形手的球员踢出来的！

生存三做

"真是难以相信。"有人大声叫,但是邓普西只是微笑。他想起他的父母,他们一直告诉他的是他能做什么,而不是他不能做什么。他之所以踢出这么了不起的纪录,正如他自己说的:"我父母从来没有告诉我,我有什么不能做的。"

从上面的例子大家不难看出,敢于想象是成功的标志。对于汤姆·邓普西来说,他只有半只左脚和一只畸形的右手,对于一般人来讲,敢想去踢橄榄球吗?如果连想都不敢想,能取得最后的成功吗?

想象力通常被称为灵魂的创造力,它是每个人自己的财富,是每个人最可贵的才智。拿破仑曾经说过:"想象力统治全世界。"一个人的想象力往往决定了他成功的概率,一个敢想敢做的人,他的成功率就会很高。

亨利·福特和安德鲁·卡内基既是生意上的朋友,也是生活中的朋友。当福特大批量生产汽车的时期到来时,卡内基的钢铁像树木一样,源源不断地运到福特汽车制造厂。福特的名气和当时的卡内基、摩根、洛克菲勒一样传遍世界的每一个角落。

福特于1863年7月生于美国密歇根州。他的父亲是个农夫,觉得孩子上学根本就是一种浪费。老福特认为他的儿子应该留在农场帮忙,而不是去念书。

自幼在农场工作,使福特很早便对机器产生兴趣,于是他那用机器去代替人力和牲口的想象与意念便早露端倪。

福特12岁的时候,已经开始构想要制造一部"能够在公路上行走的机器"。这个意念,深深地扎在他的脑海里,日日夜夜萦绕着他。旁边的人,都认为他的构想是不切实际的。老福特希望儿子做农场助手,但少年福特却希望成为一位机械师。他用一年多的时间就完成人家需要三年的机械师训练，从此，老福特的农场便少了一位助手，但美利坚合众国却多了一位伟大的工业家。

福特认为这世界上没有"不可能"这回事。他花了两年多的时间用蒸气去推动他构想的机器，研究了两年多，但行不通。后来，他在杂志上看到可以用汽油氧化之后形成燃料以代替照明煤气，触发了他的"创造性想象力"，此后，他全心全意投入汽油机的研究工作。

福特每一天都在梦想成功地制造一部"汽车"。他的创意被大发明家爱迪生所赏识，爱迪生邀请他当底特律爱迪生公司的工程师，让他有机会实现他的梦想。

终于，在1892年，福特29岁时，他成功地制造了第一部汽车引擎。而在1896年，也就是福特33岁的时候，世界第一部摩托车便问世了。

从1908年开始，福特致力于推广摩托车，用最低廉的价格，去吸引越来越多的消费者。今日的美国，每个家庭都有一部以上的汽车，而底特律则一举成为美国的大工业城，成为福特的财富之都。

亨利·福特在取得成功之后，便成了人们羡慕备至的人物。人们觉得福特是由于运气，或者有成功的朋友，或者天才，或者他们所认为的形形色色的福特"秘诀"——这些东西使福特获得了成功，但他们并不真正知道福特成功的原因。柯维博士后来说过：也许在每10万人中有一个懂得福特成功的真正原因，而这少数人通常又耻于谈到这点，因为这个成功秘诀太简单了。这个秘诀就是想象力。事实上，在一定程度上，只要能想到就一定能办到。

在生活当中，不怕做不到，只怕想不到，只要人们敢于想象，就会

生存三做

变得与众不同，就会迈向成功。

用"做"把欲望变成现实

考验欲望

在这个世界上，每个人都有自己的欲望。穷人的欲望是早日摆脱贫穷，过上富足的生活；富人希望自己的财富就像滚雪球一样越滚越多；做官的希望自己官运亨通，一路高升，永远与权势结缘……总之人的欲望很多，所以才有了人心不足蛇吞象之说。

正像英国作家萧伯纳写的那样："生活中有两种悲剧：一种是丧失你心里的欲望，另一种是实现这种欲望。"

当然，每个人的欲望，都不可能随意地去获得。即使有些欲望的获得并不难，只是获得了这种欲望的同时，将会同时失去许多不该失去的美好的东西。

所以，人生的旅途中，每个人都要经历欲望的考验。

人在饥饿时，梦想饱餐一顿，这是人的生理上最基本的一种欲望。

青春年少时，欲望是家人对自己的理解和支持，渴望自己的思想和行为能得到认可；渴望自己想获得的东西得到满足；渴望拥有几个知心的朋友和共享幸福共同分担忧愁的小伙伴。

走向让会，人的渴望在不断地发展和增加。渴望能有一份称心而收入丰厚的工作，渴望有一个称心如意的恋人和伴侣，渴望有一个人们喜爱和尊重的形象。

人到中年，男人渴望功成名就，妻子温柔而美丽，儿女聪明而上进，老父老母健康长寿。

女人渴望自己青春常驻、夫贵妇荣，春如旧，家和睦，丈夫无外遇，全家老少都爱自己。

人老了，所有的欲望，都几乎集中在生命和健康问题上，这种欲望是因为曾经失去的太多的遗憾！

不论人们在人生旅途中，有着多少种欲望，只要是符合社会和人类行为的正常规范，那么，你就应该去调节和奋斗，获得这些应该属于你的欲望。

当然，有很多欲望是要用理智和灵魂去考验的。

记得苏联的艾特玛托夫在《断头台》中写道："贪财、权欲和虚荣心，弄得人痛苦不堪，这是大众意识的三根台柱，无论何时何地，它们都支撑着毫不动摇的庸人世界。"

我们不能因为贫穷而渴望富有，不经过艰苦的奋斗和辛勤的劳动去获得就去偷去抢。

不能因为自己没有做官而渴望做官，不检验自己的知识结构和管理水平，就去妒忌别人而寻机会打击报复。

不能因为自己没有如意的恋人和伴侣而渴望拥有，不管别人愿不愿意，或者是不是他人的情侣，就去死缠硬磨地骚扰别人。

所以，任何一个正常的人，都应该有各种各样的欲望，只是每一种

生存三做

欲望在我们的情感中出现时，我们必须用正常的理智和灵魂去考验，用正常的理智和灵魂去获得的欲望，都应该是无可非议。

否则，在你获得欲望的同时，也同时会获得遗憾，甚至，是终身无法挽回的遗憾！

有位叫蒙克夫·基德的登山家，在不带氧气瓶的情况下，多次跨过海拔6500米的登山死亡线，并且最终登上了世界第二高峰——乔戈里峰。他的这一壮举1993年载入吉尼斯世界纪录

不带氧气瓶登上乔戈里峰是许多登山家的愿望。但是一旦超过海拔6500米，空气就稀薄到正常人无法生存的程度，想不靠氧气瓶登上近8000米的峰顶，确实是一个严峻的挑战。可是，蒙克夫做到了。在颁发吉尼斯证书的记者招待会上，他是这样描述的：我认为无氧登山运动的最大障碍是欲望，因为在山顶上，任何一个小小的杂念都会使你感觉到需要更多的氧。作为无氧登山运动员，要想登上峰顶你必须学会清除杂念，脑子里杂念越少，你的需氧量就越少；欲念越多，你的需氧量就越多。在空气极度稀薄的情况下，必须学会排除一切欲望和杂念。

我们都或多或少地在贫困中挣扎过，在金钱始终不甚宽裕的日子里生活过。你是否发现，一旦我们的心中充满欲望，就会感到需要钱，并且欲望越大，越是感觉到需要更多的钱，尤其是沉溺于享乐时更是如此，这样的人在生活和事业上是登不上顶峰的。

激发强烈的成功欲望

人人都渴望成功，因为成功代表着财富、荣誉和幸福。许多人并不缺乏知识、能力和机会，但他们的自卑、保守、狭隘、怯懦与心理障碍

以及陈腐的思维方式和习惯,阻碍着他们走向成功。所以,在现实生活中,真正的成功者只是少数。大多数的人,一辈子都在苦苦摸索,总是难以梦想成真。那么,到底什么决定着一个人的成功呢?真正的成功者,除具备必需的知识、技能以外,无不具备强烈的成功欲望和卓越的心理素质。

"世界上所做的每一件事都是抱着希望而做成的。"人们基于对环境的认识和探索,进而找到了自己的目标,为了目标又引发了动机,即欲望,这种欲望越强,目标就靠我们越近,就像弓拉得越满,箭就会射得越远一样的道理。

国际潜能大师安东尼·罗宾曾说过这样的话:"在这个高速运转的经济社会,一个人的欲望有多强烈,那么他的成功指数就相应有多大。同时,那些备受世人瞩目的杰出人物之所以获得了成功,我想与他们背后的强烈欲望是有很大关系的。"

"眼睛所看着的地方就是你会到达的地方。"戴高乐说,"唯有伟大的人才能成就伟大的事,他们之所以伟大,是因为决心要做出伟大的事。"体育老师会告诉你:"跳远的时候,眼睛要看着远处,你才会跳得更远。"

重量级拳王吉姆·柯伯特有一回在做跑步运动时,看见一个人在河边钓鱼,一条接着一条,收获颇丰。奇怪的是,柯伯特注意到那个人钓到大鱼就把它放回河里,小鱼才装进鱼篓里去。柯伯特很好奇,他就走过去问那个钓鱼的人为什么要那么做。钓鱼翁答道:"老兄,你以为我喜欢这么做吗?我也是没办法呀!我只有一个小煎锅,煎不下大鱼啊!"你也许觉得好笑,很多时候,我们渴求成功的欲望时,就习惯性地告诉自己:"算了吧,我想的未免也太过了,我只有一个小锅,可煮不了大鱼。"我们甚至会进一步找借口来劝退自己:"更何况,如果这真是个好主意,别人一定早就想过了。我的胃口没有那么大,还是挑容易一点的事情做就好,别把自己累坏了。"

研究人员在一所著名的大学中选了一些运动员做实验。他们要这群运动员做一些别人无法做到的运动,还告诉他们,由于他们是国内最好的运动员,因此他们会做到的。

这群运动员分两组,第一组到了体育馆后,虽然尽力去做,但还是做不到。

第二组到体育馆后,研究人员告诉他们第一组失败了。

"但你们这一组不同。"研究人员说,"把这个药丸吃下去,这是一种新药,会使你们达到超人的水准。"

结果第二组运动员很容易地完成了那些困难的练习。

"那是什么药丸?"参加者问道。

"不过是粉末而已。"

第二组之所以完成不可能的运动是因为他们相信自己能。他们渴望成功的欲望很强烈,如果你相信你能,也就能完成一切你要做的事。

有许多人都明白自己在人生中应该做些什么事,可就是迟迟不行动,根本原因乃是他们成功的欲望不够强烈,若你就是其中之一,那么,从现在开始,培养自己强烈的成功欲望,并积极行动起来,这样你才会走向成功。当一个人有了明确、高远的目标,又有火热、坚不可摧的欲望作为力量,必然会产生坚决有力的行动。实现成功的欲望越强烈,成功的可能性就越大。相反,没有坚不可摧的成功欲望,目标便永远不可能达到。所以，只要一个人不畏艰难，不轻言失败，信心百倍，朝着既定目标永不回头，才会走向成功。正如人们常说：欲得其中必求其上；欲得其上，必求上上。

"做"不能盲目

"做"忌没有计划

一个人做事如果没有计划，就会显得很盲目，往往是感觉做了很多，却看不到任何成效，这就犹如"瞎子点灯白费蜡"一样，结果是做了很多无用之功，浪费了很多宝贵的时间。所以"做"一定要有一个完整的计划，这样做起事情来才会得心应手。

没有计划就意味着做事没有条理，到头来只会导致你十个手指抓九只兔子，当然一只也抓不到。因此，做事一定要改掉没有计划的习惯。

善于策划者，会高效地达到自己的工作目的。正如常言：思路畅通，谋事如棋。在计划中行事，一切尽在掌握之中。因此，能想出较多的点子，提出非同凡响的主张，做出不同寻常的成就。

策划就是事先的筹谋计划。不论干什么事，如果没有预先的筹谋计划，订出一个方案，然后一步步按方案去实施，那么，肯定是不可能办得好的，就会到处乱弹琴。

生存三做

一个人干什么事都要先策划，想一想自己怎样在做大小事情的过程中，不出漏洞，不遭突然袭击。那些成大事者必然是策划大师！

古时候，有一个边疆人想到南方的某地。有一天，边疆人准备齐车马，收拾好行囊，然后便在一个风和日丽的日子驱车启程，一路向北驰去。

路上，边疆人遇到了一个熟人，这个熟人见到他，很惊奇地问道："咦，你不是要到南方去吗？怎么现在却往北走啊？"

边疆人笑了笑说："我有一匹好马，还有充分的准备，我的技术又十分娴熟，我什么地方去不了呢？"

那个人听后，看着地面上留下的车辙，善意地指给边疆人说："你看，你的车马虽好，准备也充分，可是却把方向弄错了，这样走只会越走离南方越远啊！"

可是，任他怎么说，边疆人仍是固执己见。于是，在一阵打马扬鞭的吆喝声中，北方人随同他的车马终于与南方背道而驰越走越远。

没有预先策划而莽撞办事的人，就只能像上面这个故事中的人物一样，其结果只能与自己的目的相反。古往今来，凡是办得好的事，办得成功的事，无一不是在周密的策划之后完成的。

你也许可以试着这样做做：

首先把你的计划写下来，然后问自己："为了完成这些计划我应该怎么做？"再写下行动的步骤；在执行计划的过程中，并非每一步都必须按计划走，遇到突变，要学会控制和适时改变。

许多人渴望梦想成为现实，但是他们却并没有为了这一目标而制定一个可行的计划——根据他们希望的生活方式重新安排他们的目标、行动。想实现梦想最怕没有目标。

如果期望梦想成功，你应该为今后的365天制定一个周密的计划，并把它分解成一些小的目标和要求，对每一个小目标和要求有一个不足一页纸的小计划，以保证你进入正轨。

如果你有梦想，你需要一个周密的计划来帮助你完成自己的梦想。一个周密的计划可以告诉你可以做什么，你实现梦想需要多少步骤，你成功的概率有多大。一个有效的计划应该用一系列新的程式代替旧的，它需要你的创意和毅力。

约翰是一家现金出纳机广告部的副经理和代言人，他坚定地相信，他的成功来自"每月工作计划"。

在约翰成堆的笔记本中，有一本最重要。那是本又厚又大的活页纸笔记，里面充满了他的"每月工作计划"。他相信把他每月思考的事和每月要做的事写下来会促进自己事业的发展和观念的积累与更新。

约翰说："明天的成功者，是那些能够记下自己的想法与愿望，不论遇到什么阻碍，都坚定不移地做下去的人。"

如果你想继续发展自己的事业，你可以尝试计划你的梦想。

对全球的读者来说，美国《读者文摘》是一本著名的杂志，也是美国文化产品中的一个名牌。对于《读者文摘》的创始人德惠特·华莱士夫妇来说，创办这个杂志他们经过了四个具有决定性意义的步骤：

第一步，他构想了一份趣味性与知识性并重的读物，试图向出版商介绍，但他们丝毫不感兴趣。然而他没有放弃，继续坚持按计划行事。

第二步，他在宾夕法尼亚州东匹兹堡工作时，他的同事对这本杂志的试刊本深感兴趣，更认为华莱士若采用直接邮递的方法来进行推销，

生存三做

收效必定极佳。

第三步，他的老板听到他正和别人谈生意，便开除了他。后来华莱士回想到这件事时说："我经常怀疑如果不是被老板开除而要投身新事业的话，我会不会留在匹兹堡呢？"答案当然是无需揭晓的。

1921年10月，华莱士和年轻而充满理想的莱拉·雅芝生小姐结成夫妇。

这就是梦想实现的第四步，也是最重要的好运来到了——莱拉分享了他的梦想。

婚后第二年，莱拉仍然要继续担任社会工作，赚取金钱以缴纳在纽约格林尼治村住所的租金，他们在1922年2月合作出版了《读者文摘》。

《读者文摘》的灵感，是华莱士在军队当中士时，在法国因炸伤住院康复期间获得的。

当时他阅读了大量杂志，深深感觉到有些文章吸引力特别持久，而大部分文章如果浓缩，突出要点，便会更加动人。

时至今日，《读者文摘》仍然保留着这些主要的精神。

《读者文摘》的畅销速度增长之快，远远超过华莱士伉俪的想象——创刊号销量是5000本，到了1926年已增至5万本。

按计划行事，你会发现一切都是那么顺理成章，没有那么多"枝节"作祟，你的事业会变得辉煌，你的理想也将在计划中叩响你胜利的门窗。

"做"要勤于思考、多动脑筋

一个人在做事时应该养成勤于思考和善于思考的习惯，纵观很多伟大的发明家，如爱因斯坦、牛顿、爱迪生等无一不是勤于思考和善于思考的楷模。养成多思考的习惯可以使人少走弯路，这样就可以更快一些抵达成功之路。

做任何事情之前都要养成先思考的习惯，思考你的目标、做事的步骤以及最后达到一种什么效果。做事不动大脑的人总是遭到机会的抛弃。

这是一个不动脑筋的售货员的故事：售货员兰兰向来是"烧香不看菩萨"，每个月都是她的业绩最差。这一天，店里进了一批变形花的连衣裙。她像往常一样，大声地吆喝："变形花噢！变形花噢！"这时走过来一位超胖的中年妇女，兰兰不屑地看了一眼这个如水缸一样的女人，看到那个妇女身上被撑变形的连衣裙，她想：那个女人应该需要一条新的连衣裙。于是她冲着人家更大声地吆喝："变形花噢！变形花噢！"那个胖女人以为这是暗示自己裙子上的花被撑变形了，顿时火冒三丈，后果想必你也猜到了——胖女人闹到经理处，兰兰又一次失去了工作。这就是一个"不动脑"的人的下场，这仅仅是一件小事，但在大事上不懂得思考就会有更严重的后果。

任何一个有意义的构想和计划都是出自思考，而且越勤于动脑，收益就会越大。一个懒得思考难题的人，会遇到许多困扰他的问题；做事前多动动脑筋，你的行动就会更有目的性，收获就会更大。有成就的人都养成了勤于思考的习惯，善于发现问题、解决问题。

我们身边有很多机会，就看你是否善于发现和把握机会。千百年来，人们一直对闪电感兴趣，电可以替我们完成那些枯燥乏味的工作，从而使我们抽出身来开发其他的能力。潜在的能力到处都有，要由深邃的思想和敏锐的眼光来发现。不勤于动脑，一切机会都有可能与你擦肩而过。

没有一个懒得天天睡大觉的人可以有所发明创造。

如果你也想拥有财富，那么，赶快启动思考的闸门，放飞智慧吧！

加利福尼亚有一位善于观察的理发师，他觉得理发的剪刀有待改进，便发明了理发推子，由此发了大财；伊力诺依州有位男子不得不帮助卧病在床的妻子洗衣服，他感到传统的洗衣方法既耗费时间，又消耗体力，便发明了洗衣机，这样他也成了富翁；有一位先生受尽牙痛之苦，心想应该有一种方法把蛀牙塞起来止痛，便发明了黄金塞牙法。

米开朗琪罗在佛罗伦萨街边的垃圾堆里捡到一块被人扔掉的克拉拉大理石，这块大理石是被一个不熟练的工人在切割过程中损坏的。无疑也有其他艺术家注意到了这块品质优良的大理石，但因其被损坏，所以仅仅是非常痛惜。只有米开朗琪罗看到这块废弃的大理石中的天赋，用凿子和锤子创作出人类历史上一件最优秀的雕像——《年轻的大卫》。

帕特里克·亨利年轻时是个游手好闲、一事无成的人。他学习了六个星期的法律便挂出营业招牌，在打赢第一场官司后，他终于觉得自己即使在家乡弗吉尼亚也能获得成功。美国当局通过印花税条例后，亨利被选入弗吉尼亚州议会，提出了反对这一不公平征税的法案。他终于成为美国最出色的演说家。

思考才是最实际的成功法则，很多大的发明创造都是源于伟大的思考。因此，如果你想做成一件事情，一定要先动脑筋，只有思考才能诞生伟大的梦想；没有思考，人生将像一盘散沙一样毫无意义。

敢想敢做才会赢

敢于和强手较量

衡量一个人是不是强者，就看他是不是有勇气去挑战比他更强的人，而不像有些人那样盲目地惧怕、崇拜所谓的"强者"，真正的强者是属于心灵强大的人，他们有着坚不可摧的信念，坚忍不拔的毅力和一往无前的斗志，他们更乐于去面对挑战，他们永远是笑到最后的人。

想想田径场上的长跑比赛，就可以悟出一些做事的道理。

比赛开始，众人齐发，难分先后，但到了中途，选手们都会跟上某位对手，然后在恰当的时机突然加速超越，然后再跟住另一位对手，再在恰当的时机超越他！一直冲至终点。

长跑，尤其是马拉松比赛，是一种体力与意志的较量，而意志力尤其胜过体力，有人就因为意志力不足，体力本来还够时就退出了比赛；也有人本来领先，但却在不知不觉中慢了下来，被后面的选手赶上。跟住某位对手就是为了避免这种情形的产生，并且利用对手来激励自己：别慢下来！也提醒自己：别冲得太快，以免力气过早耗尽！还有解除孤单的作用。你如果观察马拉松比赛，便可发现这种情形：先是形成一个个小集团，然后再分散成两人或三人的小组，过了中点后，才慢慢出现领先的个人！

其实，人生不就是一段长跑吗？既然如此，那何不学习一下长跑选手的做法，跟住某个人，把他当成你追赶并超越的目标！

不过，你要找的对手应是有一定条件的，而不能胡乱去找。你应以你周围的人为目标，当然你要找的对象一定要在所取得的成就或能力方面都比你强。换句话说，他要跑在你前面，但也不能跑得太远，因为太远了你不一定追得上，就算能追上，也要花很长时间和很多的力气，这会让你跑得很辛苦，而且挫折太多。

"对手"找到之后，你要进行综合分析，看他的本事到底在哪里？他的成就是怎么得来的？平常他做事的方法，包括对他的人际关系的建立、个人能力的提高等都要有所了解。研究之后你可以学习他的方法，也可以在自己的方法上下功夫，相信很快就会取得成效，慢慢地你就和他并驾齐驱，然后超越他！

等超越现在的对手后，你可以再跟向另一个对手，并且再超越他！如此不断，你一定能领先他人。即使拿不到冠军，也不至于被很多人甩下。

不过你得注意一个事实，在长跑时，跟住一个对手并不一定就可以超越他，可能你跟上了他，他发现后几大步就把你甩在后头了！做事也是如此，好不容易接近对手，他又把你抛在后面了。当你处于这种情形时一定不要灰心，因为这种事难免会碰到，碰到这种情形，如果能跟上去，当然是要跟上去，如果跟不上去，那实在是个人条件问题，勉强跟上去，只会提早耗尽体力。这样不是白跟了吗？不！因为你"跟住对手"的决心和努力，已经让你在这"跟"的过程中激发出了潜能和热力，比无对手可跟的时候进步得更多、更快！而经过这一段"跟"的过程，你的意志受到了磨炼，也验证了自己的成绩和实力，这将是你一辈子受用的本钱!

当然也有可能你找到了对手,但就是一直跟不上去,甚至还被后面的人一个个超越过去,这实在令人难堪。碰到这种情形,还是要发挥比赛的精神,跑完比赛比名次更重要。人生也是如此,你努力的过程比结果更重要,只要自己真正尽力就行了。就怕半途而放弃,失去奋勇向前的意志,这才是人生最悲哀的一件事!

敢于和强手较量,需要的是勇气和胆识,即使你在这一次较量中失败了,也不要紧。只要你努力还有下一次,不必害怕失败,只要你不灰心、不气馁,对自己充满信心,那么胜利终究会属于你。

敢于挑战自我

在现实生活中的人们,都喜欢跟别人去比个高低、论个短长。其实,一个人最大的敌人往往就是他自己,如果一个人敢于去挑战自我,并最终战胜自己,那么他就会成为最大的赢家。

要取得事业成功、生活幸福,重要的是要有积极的自我形象,要敢于对自己说:"我行!我坚信自己:我是世界上独一无二的人!"

1862年9月,美国总统林肯发表了将于次年1月1日生效的《解放黑奴宣言》。在1865年美国南北战争结束后,一位记者去采访林肯。他问:"据我所知,上两届总统都曾想过废除黑奴制,《宣言》也早在他们那时就起草好了。可是他们都没有签署它。他们是不是想把这一伟业留给您去成就英名?"林肯回答:"可能吧。不过,如果他们知道拿起笔需要的仅是一点勇气,我想他们一定非常懊丧。"林肯说完匆匆走了,记者一直没弄明白林肯这番话的含义。

生存三做

直到 1914 年林肯去世 50 年后，记者才在林肯留下的一封信里找到了答案。在这封信里，林肯讲述了自己在幼年时的一件事："我父亲以较低的价格买下了西雅图的一处农场，地上有很多石头。有一天，母亲建议把石头搬走。父亲说，如果可以搬走的话，原来的农场主早就搬走了，也不会把地卖给我们。那些石头都是一座座小山头，与大山连着。有一年父亲进城买马，母亲带我们在农场劳动。母亲说，让我们把这些碍事的石头搬走。于是我们开始挖那一块块石头。不长时间就搬走了。因为它们并不是父亲想象的小山头，而是一块块孤零零的石块，只要往下挖一米，就可以把它们晃动。"

林肯在信的末尾说：有些事人们之所以不去做，只是他们认为不可能。而许多不可能，只存在于人的想象之中。

这个故事很有启迪性。它告诉大家，有的人之所以不去做或做不成某些事，不是因为他没这个能力，或是客观条件限制，而是他内心的自我形象首先限制了他，是他自己打败了自己。

一些成功学研究大师分析许多人失败的原因，不是因为天时不利，也不是因为能力不济，而是因为自我心虚，自己成为自己成功的最大障碍。有的人缺乏自重感，总觉得自己这也不行，那也不行，对自己的身材、容貌不能自我接受，时常在人面前感到紧张、尴尬，一味地顺从他人，事情不成功总觉得自己笨，自我责备，自我嫌弃。有的人缺乏自信心，怀疑自己的能力；有的人缺乏安全感，疑心太重，对他人的各种行动充满戒备；有的人缺乏胜任感，工作中缺乏担当重任的气魄，甘心当配角；也有的人反其道而行之，为掩饰自己的缺点或短处，夸张地表现自己的长处或优点……

这些人真正的敌人是他们自己。

每个人在一生之中，或多或少总会有怀疑自己或自觉不如人的时候。

研究自我形象素有心得的麦斯维尔·马尔兹医生曾说过，世界上至少有95%的人都有自卑感，为什么呢？电视上英雄美女的形象也许要负相当大的责任，因为电视对人的影响实在太大了。

有些人的问题就在于太喜欢拿自己和别人比较了。其实，你就是你自己，压根儿不需要拿自己和任何其他人比较。你不比任何人差，也不比任何人好，造物者在造人的时候，使每一个人都是独一无二，不与任何其他人雷同的。你不必拿自己和其他人比较来决定自己是否成功，应该是拿自己的成就和能力来决定自己是否成功。

拿破仑·希尔指出：在每一天的生活中，如果你都能够尽力而为、尽情而活，你就是"第一名"！

名作家杏林子的《现代寓言》里，讲述了这样一个故事，话说有一只兔子长了三只耳朵，因而在同伴中备受嘲讽戏弄，大家都说他是怪物，不肯跟他玩；为此，三耳兔很悲伤，时常暗自哭泣。有一天，他终于做了决定把那一只多出来的耳朵忍痛割掉了，于是，他就和大家一模一样，也不再遭受排挤，他感到快乐极了。

时隔不久，他因为游玩而进了另一座森林。天啊！那边的兔子竟然全部都是三只耳朵，跟他以前一样！但由于他已少了一只耳朵，所以，这座森林里的兔子也嫌弃他，不理他，他只好快快地离开了。从此，他领悟到一个真理：只要和别人不一样的，就是错！

这个故事告诉人们：其实一个人没有必要要求自己事事处处都和

生存三做

别人一样,你就是你自己,你在这个世界上是独一无二的,不要和别人去比,要比就和自己去比。做一个敢于挑战自我的人,这样的人生会更精彩。

中篇
做"实"：
脚踏实地是做事的正确出发点

> 思想指导行动，但思想不能代替行动。只有毫不犹豫地、持续地去做才能把美好的愿望变成现实。同时我们也看到，不同的做法其结果截然不同，区别点就在于是否把做前的"虚"转变成做的过程中的"实"。只有做"实"——脚踏实地地做事才是解决任何问题的正确出发点。

第三章

空想是你最大的敌人

这个世界不乏一些拥有宏图大志的人，他们有理想、有目标，心中有着一幅宏伟的蓝图。但是他们缺少的就是切实的行动，一切都是空谈。因此他们的所谓"理想"就像水中月、镜中花一样虚无缥缈，永远无法实现。但愿我们这个世界多一些扎扎实实做事的人，少一些只说不做的"空想家"。

心动不如行动

光想不做，等于一事无成

从现在起，你要想成为一个成功者，就不要再说自己如何"倒霉"了。对于成功者来说，世界上不存在绝对的好时机，不存在厄运笼罩的日子。他们相信所有的机会、好运都是通过自己的行动争取而来的。

中篇 做"实"：脚踏实地是做事的正确出发点

很难取得成功。那些做起事来半途而废的人，对自己持有一种怀疑的态度，因此任何人都不会对他产生信任。他开出去的借据没人愿意接受，他替人管理金钱，也没有人敢相信他，无论他走到哪里，都不会受人欢迎。

"对这个问题，我得先考虑考虑。"汤姆在别人要他回答问题时，他总是这样回答。汤姆要决定一件事时，总是犹犹豫豫，人们经常怪他处事不果断。"他总是在决定某件事情上花费很多的时间，哪怕是件微不足道的小事。"他的女友这样评论他。而他周围还没有人对他有行事莽撞和容易冲动的印象。那些对他没有好感的人说他胆小如鼠，而汤姆身材魁梧，从外表上看，他绝不像个胆小的人，但从心理方面来说，用胆小如鼠形容他是有几分道理的。此外，他对一些可能引起争执的事也尽量避开，怕惹是生非。

汤姆在获得工商管理的硕士学位后，就在一家国际性的化学公司工作。刚开始时，他对给他的职位相当满意。因为这一职位不但薪水可观，而且晋升的机会也很大。"无需从基层一步步做起，这实在太好了，"汤姆在提到自己的好运时说道，"现在给我的职位比我原先期望的要高。"由于汤姆对管理有着特殊的兴趣，而他学的又是这门专业，所以，他极想使自己一些主张成为现实。"我觉得有许多事需要我去做。"他在参加工作4个月后说道。

然而，汤姆在这家公司工作15个月后，他才开始意识到自己的弱点，而这个弱点以后成为他事业发展道路上的主要障碍。在汤姆担任新职不久就被邀请参加一个委员会，该委员会专门负责审理公司里的日常工作报告。这家公司的规模巨大，全世界都有分支机构，所以需要靠很多人的努力才能做出一份行之有效的审理报告。

而汤姆的上司在这个委员会中把汤姆同其他成员做了一番比较。在开展工作计划的头几个星期，这位上司注意到汤姆的工作进度比其他人要慢得多。"抓紧点，汤姆，动作快一些！"他的顶头上司友好而又认真地提醒他。

然而，汤姆的速度并没有因为这句提醒的话而加快，反而更加慢了。"速度，"他憎恨地说，"这里工作唯一重要的就是速度。每个人都希望你能提前完成任务。"由于工作性质的关系，汤姆工作速度过慢致使最高首脑管理机构从全世界各地发来的报告中得到的信息往往太迟，因而使得他们不能及时地采取相应的对策。在这种情况下，人们对汤姆这种行事谨慎、慢条斯理的工作方法很反感。和他同组的一位同事用带有嘲讽的语气说道："要是你有什么坏消息，并希望它像蜗牛爬行似的传出去的话，那就把它交给汤姆处理吧。"

后来这项工作计划在接近末尾时，他突然出人意料地，竟然工作得同别人一样快，由于他的这一行动，使他在这些事上没有受到多大伤害。"要是我愿意，我还是能够工作得同别人一样快的，"他非常懊恼地说道，"但这并不表示我喜欢这样做。"在随后的5年中，他获得两次提升的机会，但上升的幅度都不大。有一次，他的上司在谈话中告诉他的提升消息后，对他说："你工作表现不错，有时是速度慢了些，但总的来说是好的。"

不管是谁，都不会信任一个做起事来拖拖拉拉的人，因为他在精神与工作上含糊笨拙，一点也靠不住，只要一看见他那低劣的成绩，就会想到他的为人。这些人也许在其他方面有很多优点，但由于做事的拖沓，很难得到别人的赏识，这种做事的方法将必然影响他们的前途。而要想获得成功，就应行动敏捷，这样才能抢占先机，从而拥有更多的财富！约翰·华纳梅克先生是个了不起的商人，他是白手起家的。他时常说："如果你一直在想而不去做的话，根本成就不了任何事。"

有很多好计划没有实现，只是因为应该说"我现在就去执行，马上开始"的时候，却说"我将来有一天会开始去执行"。

我们用储蓄的例子来说明好了。人人都认为储蓄是件好事。虽然它很好，却不表示人人都会依据有系统的储蓄计划去做。许多人都想要储蓄，只有少数人才真正做到。

这里是一对年轻夫妇的储蓄经过。克鲁斯先生每个月的收入是1000美元，但是每个月的开销也要1000美元，收支刚好相抵。夫妇俩都很想储蓄，但是往往会找些理由使他们无法开始。他们说了好几年："加薪以后马上开始存钱"、"分期付款还清以后就要……"、"渡过这次难关以后就要……"、"下个月就要"、"明年就要开始存钱。"

最后还是他太太布兰妮不想再拖，她对克鲁斯说："你好好想想看，到底要不要存钱？"他说："当然要啊！但是现在省不下来呀！"

布兰妮这一次下定决心了。她接着说："我们想要存钱已经想了好几年，由于一直认为省不下，才一直没有储蓄，从现在开始要认为我们可以储蓄。我今天看到一个广告说，如果每个月存100元，15年以后有18000元，外加6600元的利息。广告又说：'先存钱，再花钱'比'先花钱，再存钱'容易得多。如果你真想储蓄，就把薪水的10%存起来，不可移作他用。我们说不定要靠饼干和牛奶过月底，只要我们真的那么执行，一定可以办到。"

他们为了存钱，起先几个月当然吃尽了苦头，尽量节省，才留出这笔预算。现在他们觉得"存钱跟花钱一样好玩"。

想不想写信给一个朋友？如果想，现在就去写。有没有想到一个对于生意大有帮助的计划？马上就去执行。让我们时时刻刻记着本杰明·富兰克林的话吧："今天可以执行的事不要拖到明天。"

做比什么都重要

成功没有捷径，想达到自己的目标就要努力去做。行动起来至少你还拥有一线机会，只想不做你就只会一无所有。

生活的目的在于设法得到欢乐，避免痛苦，但是有时必须暂时忍受眼前的挫折和不适，以图将来得到更大的、长久的利益和快乐。比如，一个人想学习一技之长，改变自己的生活，然而，这需要接受数年的训练，他没有这个耐心或不愿吃这个苦，于是放弃了。结果，几年过去了，他无法得到他想要的工作（没有竞争优势），只好一直不顺心地干着他不喜欢的工作。还有一位业务员，虽然懂得很多业务知识，但在实际工作中，他缺少耐力又不想吃苦，结果业务一直不能有所发展。

实际上，所有这些人都是贪图了眼前的快活，牺牲了长久的利益。

乳牛跑进了田地里，你成天对着乳牛数落它的不是，但这并无法把它从田中赶出来，无疑是对牛弹琴。换个做法，你何不把它牵出来拴住，在草地上搭个围栏，这样既可以喂饱牛，又可以防止它再闯进田中。

成功与失败的区别在于：前者动手；后者动口，却又抱怨别人不肯动手。

《论语》中说："君子讷于言、敏于行。"这句话翻译成白话文便是：

中篇 做"实"：脚踏实地是做事的正确出发点

"君子不大说话，但勤于行动。"简单地说就是"行动胜于言论"。这岂不是许多人应该反省的吗？

人的言行未必一致。要了解一个人，看他的行为比听他说更准确。你的所作所为，是衡量你是怎样一个人的唯一标准。爱默生说："不要说个不停。你是个怎样的人，此刻就明摆在眼前，比你说得更清楚，所以我不用听你所说的。"

在我们的生活里，很多人都知道哪些事该做，然而总有一些人不是真正力行去做。乐观但没有积极的行动来配合，就是一种自我陶醉。

一个人在孩童时就一直想学弹钢琴，但他没有钢琴，对此他深感遗憾，决定长大后一定要找时间去学钢琴，但他似乎没有时间。这件事让他很沮丧，当他看到别人弹钢琴时，他认为"总有一天"他也可以享受弹钢琴的乐趣，但这一天总是那么遥遥无期。

光是知道哪些事该做仍是不够的，你还得拿出行动来。

万事开头难。行动的第一步是最难迈出的。很多人执着于周全的计划、详细的谋划。他们把各种困难全部一一排列出来，然后在脑海中找寻各种克服的办法，结果又有新的困难产生，越来越千头万绪。最终被千头万绪的困难压倒，在行动之前就放弃了。这种人明显缺少决断力与行动力。实际上，有再远大的先见之明，再准确的判断，如果不付诸行动，也是毫无意义的。

有一个分公司，经理、科长都是大学生、硕士水准，但整个公司的运作效率却出奇地低，有许多次商机都没有抓住。总公司深感疑惑，经过调查，明白了原因。原来每当开会时，每个人都有自己的方案与计划。而每当一个人提出方案与计划时，总能会被其他人挑出许多毛病来。一

生存三做

场会议下来，十个提案能通过一个就算不错的了。

总公司根据这种情况，另选派了一位员工出任分公司总经理。这位男士并非科班出身，而是一位从员工做起，一步步凭实绩升上来的实干家。结果在以后的会议中，尽管有些提案受到许多指责，但这位老总只要觉得有可取之处，立马拍板通过。虽然也有过一些错误的决定，可公司的运作效率上升了10倍不止。

这位总经理在一次会议上向大家解释了自己的做法："首先跨出脚步之后，边做边想是我一贯的做法，也因此会受到一些挫折。但你不迈出第一步，就什么也没有。"

在我们考虑行动的成效时，这种做法好像不大合乎常理。但对于一个缺乏行动力的人来说是特效药。当你养成了一边行动一边构想下一步的习惯时，行动力自然就形成了。而且在行动中直接面对困难，克服困难往往让人的才智、能力得到发挥。

事实上不能期待每次行动都有良好的效果，所谓万无一失的计划只是纸上谈兵。不行动起来是不会有结果的。这里并不是否定三思而后行的规则，只是说做了后悔胜过不做而后悔。机会不会属于不敢行动的人。就像中国当年的股市风潮，敢于做的人并不见得有什么精深的财经知识，但他们做了，成功了，不敢做的人就错失了这种千载难逢的发财机会。

所以说，要想成功，最重要的便是行动。

赫胥黎有句名言："人生伟业的建立，不在能知，乃在能行。"设定的目标，如果不付诸行动，便会变成画饼。

我们不仅要认识这些教诲，更要去实践它。《圣经》中说："你们要行道，不要单听道，自己哄自己。因为听道而不行道的，就像人对着镜子看自己本来的面目，看见，走后，随即忘了他的相貌如何。"

鼓起勇气去做你一直想做的事。一次有勇气的行为，可以消除所有的恐惧。不要告诉自己非做好不可，记住：去做，比做好更重要！

伟大的艺术家米开朗琪罗曾看着一块雕坏了的石头说："这块石头里有一个天使，我必须把她释放出来。"同样，成功的画家盯着画布说："里面有一幅美丽的风景，等着我把它画出来。"作家盯着稿纸说："这儿有一本旷世名著，等着我把它写出来。"企业家说："我有很好的创业理念和理想，我一定会做到，它等着我将它实现。"

从今天起，立刻去做！

克雷洛夫说："现实是此岸，理想是彼岸，中间隔着湍急的河流，行动则是架在川上的桥梁。"

拿破仑说："想得好是聪明，计划得好更聪明，做得好是最聪明又最好。"

利希特说：

"如果你还在等待机会的光临，

如果你还在等待命运的恩赐，

如果你还在抱怨世间的不平，

那么，你永远走不上成功之路。"

采取行动吧，行动见真知，事情的结果可能是多种多样的，去做虽然未必成功，但如果你不行动就注定了要失败。赶快行动吧！就趁现在。

生存三做

立即去做永远是成功的法则

在行动中检验和完善自己

想知道你的计划有没有缺失？想知道你的目标能不能实现？那就大胆地去行动吧！只有行动才能检验和完善你的计划，让你快速地走向成功。

许多人做事都有一种习惯，非等算计到"万无一失"，才开始行动。其实，这还是"惰性"在作祟，周密计划只不过是一个不想行动的借口。首先，生活中、工作中的目标，并非都是"生死攸关"，即使贸然行动，也不会有什么大不了的事发生；其次，目标是对未来的设计，肯定有许多把握不准的因素，目标是否真的适合自己，其可行性如何，也只有行动才是最好的检验。

行动确实可以治疗恐惧。史华兹博士提到以下这个例子：

曾有一位40岁出头的经理人苦恼地来见史华兹博士。他负责一个大规模的零售部门。

他很苦恼地解释："我怕会失去工作。我有预感我离开这家公司的日子不远了。"

"为什么呢？"

"因为统计资料对我不利。我这个部门的销售业绩比去年降低了7%，这实在很糟糕，特别是全公司的总销售额增加了6%。而最近我也做了许多错误的决策，商品部经理好几次把我叫去，责备我跟不上公

中篇 做"实":脚踏实地是做事的正确出发点

司的进展。"

"我从未有过这样的光景。"他继续说,"我已经丧失了掌握局面的能力,我的助理也感觉出来了。其他的主管觉察到我正在走下坡,好像一个快淹死的人,这一群旁观者站在一边等着看我的笑话呢!"

这位经理不停地陈述种种困局。最后史华兹博士打断他的话问道:"你采取了什么措施?你有没有努力去改善呢?"

"我猜我是无能为力了,但是我仍希望会有转机。"

史华兹博士反问:"只是希望就够了吗?"博士停了一下,没等他回答就接着问:"为什么不采取行动来支持你的希望呢?""请继续说下去。"他说。"有两种行动似乎可行。第一,今天下午就想办法将那些销售数字提高。这是必须采取的措施。你的营业额下降一定有原因,把原因找出来。你可能需要来一次廉价大清仓,好买进一些新颖的货色,或者重新布置柜台的陈列,你的销售员可能也需要更多的热忱。我并不能准确指出提高营业额的方法,但是总会有方法的。最好能私下与你的商品部经理商谈。他也许正打算把你开除,但假如你告诉他你的构想,并征求他的意见,他一定会给你一些时间去进行。只要他们知道你能找出解决的办法,他们是不会辞掉你的,因为这样对他们来说很划不来。"

史华兹博士继续说:"还要使你的助理打起精神,你自己也不能再像个快淹死的人,要让你四周的人都知道你还活得好好的。"

这时他的眼神又露出勇气。

然后他问道:"你刚才说有两项行动,第二项是什么呢?"

"第二项行动是为了保险起见,去留意更好的工作机会。我并不认为在你采取肯定的改善行动,提升销售额后,工作还会不保。但是骑驴找马，比失业了再找工作容易 10 倍。"

没过多久这位一度遭受挫折的经理打电话给史华兹博士。

"我们上次谈过以后，我就努力去改变。最重要的步骤就是改变我的销售员。我以前都是一周开一次会，现在是每天早上开一次，我真的使他们又充满了干劲，大家都看出我要努力改变目前的局面，所以他们也都更努力了。"

"成果当然也出现了。我们上周的营业额比去年高很多，而且比所有其他部门的平均业绩也好很多。"

"喔，顺便提一下，"他继续说，"还有个好消息，我们谈过以后，我就得到两个工作机会。当然我很高兴，但我都回绝了，因为这时的一切又变得十分美好。"

"行动具有激励的作用，行动是对付惰性的良方。"

你也根本不必先变成一个"更好"的人或者彻底改变自己的生活态度，然后再追求自己向往的生活。只有行动才能使人"更好"。因此最聪明的做法就是向前，进而去实现自己所向往的目标，想做什么就去做，然后再考虑完善目标。只要行动起来，生活就会走上正轨而创造奇迹，哪怕你的生活态度暂时是"不利的"。

正如英国文学家、历史学家狄斯累利所言：

"行动不一定就带来快乐，但没有行动则肯定没有快乐。"

敢于面对"做不了的事情"

如果有一件棘手的事情摆在眼前你会怎么办呢？退缩吗？不，你应该有坚定的信心，相信没有什么是自己做不了的，然而再做好相应的准备工作，两者相加的最后结果就是成功。

在美国经济大萧条最严重时，在多伦多有位年轻的艺术家，他全家靠救济过日子，那段时间他急需要用钱。此人精于木炭画。他画得虽好，但时局却太糟了。他怎样才能发挥自己的潜能呢？在那种艰苦的日子里，哪有人愿意买一个无名小卒的画呢？

他可以画他的邻居和朋友，但他们也一样身无分文。唯一可能的市场是在有钱人那里，但谁是有钱人呢？他怎样才能接近他们呢？

他对此苦苦思索，最后他来到多伦多《环球邮政》报社资料室，从那里借了一份画册，其中有加拿大的一家银行总裁的正式肖像。他回到家，开始画起来。

他画完了像，然后放在相框里。画得不错，对此他很自信。但他怎样才能交给对方呢？

他在商界没有朋友，所以想得到引见是不可能的。但他也知道，如果想办法与他约会，他肯定会被拒绝。写信要求见他，但这种信可能通不过这位大人物的秘书那一关。这位年轻的艺术家对人性略知一二，他知道，要想穿过总裁周围的层层阻挡，他必须投其对名利的爱好。

他决定采用独特的方法去试一试，即使失败也比主动放弃强，所以他就开始行动了。

他梳好头发、穿上最好的衣服，来到了总裁的办公室并要求见见他，但秘书告诉他：事先如果没有约好，想见总裁不太可能。

"真糟糕，"年轻的艺术家说，同时把画的保护纸揭开，"我只是想拿这个给他瞧瞧。"秘书看了看画，把它接了过去。她犹豫了一会儿后说道："请稍坐，我就回来。"

她马上就回来了。"他想见你。"她说。

生存三做

当艺术家进去时，总裁正在欣赏那幅画。"你画得棒极了，"他说，"这张画你想要多少钱？"年轻人舒了一口气，告诉他要 25 美元，结果成交了。（那时的 25 美元至少相当于现在的 500 美元）

为什么这位年轻艺术家的计划会成功？

——他刻苦努力，精于他所干的行业。

——他想象力丰富：他不打电话先去约好，因为他知道那样做他会被拒绝。

——他很明智：他不想卖给邻居，而是去找大人物。

——他有洞察力：他能投总裁对名利的爱好，所以选择了他的正式肖像，他知道这肯定符合总裁的口味。

——他有进取心：做成生意后，他又请银行总裁把他介绍给他的朋友。

他敢于另辟蹊径，在采取行动前研究市场，认真估计第一笔生意后的事，他成功了。还有，他不害怕去做那些"做不了的事情"。

当你敢做某事并取得成功时，那很少是走运的结果，而更可能是富有想象的思考和周密的安排的产物。

最勇敢的事迹之一应该是 1927 年美国飞行家林白的首次单独不着陆横越大西洋。林白当时 25 岁，冷静地用自己的生命去打赌，他赢得了看起来是不可能的一搏。

起飞前他度过了一个不眠之夜。他从纽约长岛驾驶着一架单引擎飞机起飞了，这架飞机里挤满了汽油桶，几乎没有他坐的地方，汽油的重量使得飞机负担太重，在从纽约飞往巴黎的途中，想空降那是不可能的。

一路上大雾遮住了他的视线，当时没有无线电让他同地面保持联系，他拥有的只是一只指南针。好几次他都睡着了，醒来时才发现飞机只有几米距离就触海了。通过计算，他在起飞33个小时后就横越了大西洋，在巴黎机场安全降落了。人们欢声雷动，这种热烈的场面实属空前盛况。

是勇敢吗？真不敢相信是这样。

是鲁莽蛮干吗？绝对不是。

为了这次飞行，林白做了为期几年的准备工作，训练自己，准备自己的飞机并命名为"圣路易精神号"。他从威斯康星大学退学出来学习飞行，加入了飞行训练队；他得到空军批准，可以在闲余时间进行飞行；他作为美国航空邮政飞行员在白天黑夜、晴天雨天都飞行，行程多达几万千米；他曾遇过险情，飞机被迫降在农田里；他学会修理飞机引擎并懂得每个零件的工作原理。

"幸运的林白，"新闻媒介这样称呼他，"他敢于打赌而且赢了。"他们这样说。不！他的成功不是因为他走运，而是因为在冒险之前，他准备了自己，准备了飞机，而且是尽了最大努力。他相信自己能够发挥潜能，能成功，他知道唯一能打败他的只有命运的捉弄，这是我们任何人都无法控制的。

如果你做了足够充足的准备，就会知道世界上并没有什么不可能的事；没有准备就去行动是莽夫，有了准备再大胆行动就是勇者。

抓住今天立刻去做

珍惜每一分、每一秒，每天坚持做完该做的事，不久你就会发现，成功其实就这么简单。

生存三做

时间对于每个人来说都不偏不倚,并没有给谁多一分,给谁少一分,而生命只有一次。人生也不过是时间的积累,假如今天是我们生命中的最后一天,我们是不是倍加珍惜,恨不得把所有想做的事一口气都干完呢!

如今"时间"随着时代的进步越来越重要了。因为它十分宝贵,不能积存。

俗话说:"一寸光阴一寸金,寸金难买寸光阴。"用句现在的流行话则是:"失去的岁月不会重来,只有你的脸知道它曾经来过。"每当太阳升起,不论是高山平原,湖泊海洋,它都会一视同仁地给予充分的光明,所以生命才得以生生不息,循环不断。而时间也如阳光一般,在每一天的开始时都会固定地提供24小时给每一个人来使用,不论是穷人还是富人,都无法向时间多要一秒钟,而且时间绝不会停下来,更无法重复,现在看到的这一刻马上就会成为过去,太阳可以朝起夕落,一年四季可以依续循环,但是时间自这一刻消失之后就已成为历史,永远也没有办法出现两个完全一样的时间。

因此,你必须记住并且做到,过去的已经过去,不要再去怀念;将来则还没有来到,也不要去憧憬;重要的是现在,时间正在一秒一秒地流失。只要你把握住现在,那么所有的时间都将被充分地利用,一点一滴也不会浪费。

由无数个充实的"现在"组成的历史,是你通往成功的必经之路。而发挥潜能的秘诀就是:抓住现在,立刻去做。

我们每天都有当天的事。今天的事是新鲜的,与昨天的事不同。明天还有明天的事。所以今天的事,应该就在今天做完,千万不要拖延到明天。

过去的事情就让它过去吧，因为你无法去改变它了。

你的亲人刚刚谢世，自然，你会短暂地感到悲伤。这一损失给你带来的痛苦无法用语言表达，你明白生与死截然不同，这一点不容忽视。

但是，如果你无限地陷于这一悲痛之中，不让自己摆脱悲痛，回到现实中来，那么你正在使自己永远沉湎于过去之中，或者说强制性地自焚。悲伤并不能唤回你的亲人。

要是你无休止地陷入对过去事情的内疚和不安之中，不能自拔，那你就是在毫无生机中行事。

分析成功的径商者，会发现一个共同点——抓紧时间，疯狂地拼命工作。他们有热情的精神和充沛的体力，可以从清晨工作到深夜，一天的事不做完，绝不休息。

他们在和客户面谈之前，都会做好调查工作。他们总希望能够事先拟定好最佳的会谈方案，以便即时提供给客户最需要的信息。所以正式面谈一开始，他们的反应大都是："您的时间很宝贵，我也很忙碌，我们就开门见山谈事情吧！"可见他们是如何重视时间！

搁着今天的事不做，而想留待明天做，在这拖延中所耗去的时间、精力，实际上早能够将那件事做好了。

你要养成一个良好的做事习惯，就是在事务当前时，立刻动手去做。"要做，立刻去做。"这是成功者的格言。

你看，日本保险行销之神原一平为了实现他争第一的梦想，全力以赴地工作，早晨5点钟睁开眼后，立刻开始一天的活动；6点半钟往客户家里打电话，最后确定访问时间；7点钟吃早饭，与妻子商谈工作；8

生存三做

点钟到公司去上班；9点钟出去行销；下午6点钟下班回家；晚上8点钟开始读书、反省，安排新方案；11点钟准时就寝，这就是他最典型的一天生活。从早到晚一刻不闲地工作，从而摘取日本保险史上的销售之王的桂冠。

所以，凡该做的事拖延不做而留待将来的人，是永无成功之日的，那些成功者都是立刻去做的人。

我们所需要的是永远地抓住今天，把全部的热情与心血都倾注到现在。无论是阳光灿烂还是阴雨连绵，无论是瑞雪纷飞还是狂风呼啸，该享受时则尽情享受，该拼搏时则奋力拼搏，这样，你方能无愧于昨天，也无愧于明天。

尝试去做的人才有出路

不怕多走路，就怕走不出自己的路

一个人不能真正按自己的意愿生活而照他人期望的模式过活，牺牲真正的自我，是天底下最愚蠢的事。你要记住：最后为你的一生"付账"的只能是你自己，何必太在意他人的看法，让他人来左右你的人生？

人是不可能完美的，无论你做得再好，也无法达到每个人的要求。人生充满艰难险阻，能在困顿中学会良好的适应之道，便能迈向成功。

（1）每个人都要面对挫折

任何成功的人在达到成功之前，没有不遭遇失败的。爱迪生在历经一万多次失败后才发明了灯泡，而沙克也是在试用了无数介质之后，才培养出小儿麻痹疫苗。

米盖尔和一家独立商店联合成立了米盖尔太太糕饼连锁店，并很迅速地推行到世界各地。由于业务扩张得太快，致使公司的财务受到拖累，米盖尔发现自己欠了一大笔债。她认识到想要拥有并且经营所有连锁店的欲望是太大了点，所以她想授权给加盟店负责经营，而不再亲自参与。此一政策的改变，使她的公司再度获利，并且销售额稳步增长。

你应把挫折只当作是使你发现你思想的特质，以及你的思想和你明确目标之间关系的测试机会。如果你真能了解这句话，它就能调整你对逆境的反应，并且能化作一种动力促使你继续为目标努力，挫折绝对不等于失败——除非你自己这么认为。

爱默生说过："我们的力量来自我们的软弱，直到我们被戳、被刺，甚至被伤害到疼痛的程度时，才会唤醒包藏着神秘力量的愤怒。伟大的人物总是愿意被当成小人物看待，当他坐在占有优势的椅子中时会昏昏睡去，当他被摇醒、被折磨、被击败时，便有机会可以学习一些东西了；此时他必须运用自己的智慧，发挥他的刚毅精神，他会了解事实真相，从他的无知中学习经验，治疗好他的自负精神病。最后，他会调整自己并且学到真正的技巧。"

然而，挫折并不保证你会得到完全绽开的利益花朵，它只提供利益的种子。你必须找出这颗种子，并且以明确的目标给它养分并栽培它；否则它不可能开花结果。上帝正冷眼旁观那些企图不劳而获的人。

生存三做

你应该感谢你所犯的错误,因为如果你没有和它作战的经验,就不可能真正了解它。

(2)你的希望与结果成正比

抱着微小希望的话,只能产生微小的结果,这就是人生。

人的内心有着无限的力量,这个力量是,当一个人发挥出他的潜在能量时,他的人生就会焕发出异样的光彩。

我们的能力像沉睡的矿藏深深地埋在地下,若能把它发掘出来,发展下去,人生就会有惊人的发展,不可能的事也会陆陆续续地变成可能。

但,这要看看这个人是否能选择自己应该走的路。

任何人都可以爬升到自己所想要的成功事业顶峰,同时当他选择要爬上成功事业顶峰时,全世界的人都会帮助他,一直把他推上成功事业的顶峰。

我们有了某种决心,并且相信实现的可能性时,各方面的东西都会动起来,而且帮助自己的决心往上推到实现的方向。这种事,你一定可以亲眼看到的。

不管你现在处在何种恶劣环境中,也不要被环境打垮,而要为了达到目标而努力奋斗,向着更大的目标挑战。如果发现了人生的意义,你就可以算是已经一步一步地走向成功了。

(3)现在该怎么做

我们天生就必须追求成功,如果我们没有个人喜爱的事业,或者有自己的事业,但只满足于现有的一切,不想再去尝试一些新的东西,如此我们的事业就会停滞不前,不会再有大的发展了。

我们应该有这种想法——我们是被制造来改变环境、解决困难、达成人生使命的，若没有可供达成的理想，我们的人生就不会满足，也不会快乐。

只要自己做好，就是成功

对一个人来说，最重要的就是尽己所能做到最好，而不要为一些假设性的障碍、外来的压力而苦恼，在自己的能力范围内做到最好时，你就取得了最大的成功。

有报刊这样记载，在1984年的奥运会上，有两位滑雪选手赢得了全世界的瞩目。不只是因为他们卓越的滑雪技术分别获得了金牌和银牌，还因为他们对比赛所持的态度。在男子弯道滑雪比赛之前，他们向媒体讲的话一点也看不出他们全心全意要取得胜利的热忱。史提夫·马尔是1982年世界大弯道滑雪的冠军，他曾很不客气地说："美国大众给我的弟弟菲尔·马尔施加了太多的压力，要我们得到弯道和大弯道滑雪的奖牌，实际上他们根本就不知道奖牌不是那么容易拿到的。"

美国史提夫的孪生弟弟菲尔曾在宁静湖的比赛中得到银牌，也是三届阿尔卑斯山世界杯滑雪冠军得主。菲尔曾说过："奥运会不是什么大事……你失败了又怎样呢？生命还是会继续下去。"就在大弯道滑雪赛前他还说："我现在向往大海，我对海滩想的比滑雪还多，我想，赢不了真的没什么关系。"这样的言论可是与人们听惯了的加油振奋的话大相径庭，不是吗？在奥运会开始之前，史提夫及菲尔被美国各种传播媒体预测为最有潜力的滑雪奖牌得主。电视播报他们，《时代》杂志奥运特刊用他们的照片做封面，因为他们赢得过其他比赛。当然这一年他们很可能也会为他们的祖国赢得奖牌，然而他们面临着每一个运动员都必

生存三做

须面临的问题，那就是有可能会面临失败的恐惧。

事实上，你或许不是奥运会滑雪选手，但你在工作中可能也会有这样那样的压力，也许是实际的压力，这个压力来源于你对自己要"做最好的"的压力。

马尔兄弟最后为美国赢得了奥运会大弯道滑雪项目的金牌和银牌。他们成功了，但是与此同时报纸报道：菲尔赢得了金牌，史提夫赢得了银牌，但是他们欢庆的是菲尔刚出世的孩子。菲尔得到奥运会金牌的同时，他的妻子为他生了一个8磅多重的儿子。对他而言，那天最重要的事是儿子的出生。比赛之后菲尔向媒体说："我来这里只是为了能发挥自己的潜力去滑雪，没有什么事情会因为我得到金牌而改变……大众把奥运会当成至高无上的事，但是我们整个冬天都在比赛。年年如此，如果我在这里没有拿到金牌，也不会让我烦恼。我运动从来不是为赢，而是为了竞赛。"菲尔说："我妻子在家中忍受那样的痛苦，我却在外面玩。"虽然滑雪训练几乎是苦得不近人情，但对史提夫和菲尔来说却是在玩，他们所得到的金牌和银牌，只是说明了他们的卓越技术和竞赛精神。20世纪的美国传道士哈利·艾默森·福斯迪克说过："快乐不全然是愉悦，而是胜利。"史提夫和菲尔似乎把愉悦和胜利都用上了。他们并不是驱策自己做最好的，而仅仅是做好他们自己。他们的成功才是真正的快乐之道。

很多运动员和演艺界人士认为，不是最好的就意味着失败。他们受这种想法的驱策，于是不断证明自己要做最好的。但是最好的永远只有一个，冠军也只有一个，而且这一个不可能永远只属于一个人。如果他无法认识这一点，就会对自己无比失望。

中篇 做"实"：脚踏实地是做事的正确出发点

有一位钢琴演奏家瑞恩，非常有音乐方面的天分。他的钢琴演奏技巧娴熟并有着深刻的内涵。他才艺过人，得过很多大奖，很多听众甚至乐评人士都为他的演奏着迷。他多年的学习及每日的苦练都有了不菲的回报。然而有一天，他推倒了钢琴，拒绝再弹。他在荣耀的巅峰毅然决然地离去，不肯再弹一个音符，他甚至不肯为侄女演奏最简单的练习曲或为母亲生日伴奏生日祝福歌。他这样的坚持放弃，是演艺事业结束的象征。他是畏惧自己不能再像从前受人盛赞的那样好，从此会一落千丈，越来越差。瑞恩的自我价值感仅存在于完美之中，没有多余的空间留给平凡。对要"做最好的"瑞恩来说，一个错误就是毁灭性的，所以他宁肯在错误到来之前先放弃，这样就可以避免不完美因素对成功的影响。

你对自己的肯定如果全然取决于你的成就，那么你永远也不会对自己的成就真正感到满意。"卓越"不是什么坏事，是很重要的因素，不过它会使某些人认为"卓越"仅仅能在工作和学习上体现出来。做一年好差事的回报不够多。心向往"做最好的"人永远无法对自己感到满足。也许你会得奖，会成名，会被提拔和加薪，被冠以荣耀的头衔。但不管你表现得多好，你都不会有更多的成就价值感。对你来说，艾米莉·狄金森的一句话极为正确："从未成功的人把成功当作最甜美的事。"这句话后面隐含的意思是：成功的人从不会把成功看作快乐的事。请记住：凡事不求最好，只求更好。

生存三做

做事避免走入的几大误区

敢于面对失业的考验

在人的一生中，每个人都不能保证工作顺利，也许被解雇是一件难免的事，面对失业，很多人往往是痛苦不堪，为失去工作而烦恼。其实，被解雇不一定是坏事，只要树立信心，肯定会有柳暗花明的一天。很多人正是由于被解雇才使自己获得更大的发展空间。

张健是一个很有事业心的人，他在一家业务公司跟着老板一干就是5年，从一个刚毕业的大学生一直做到了分公司的总经理职位。在这5年里，公司逐渐成为同行业中的佼佼者，张健也为公司付出了许多，他很希望通过自己的努力让企业发展得更快、更好。然而就在他兢兢业业拼命工作的时候，张健发现老板变了，变得不思进取、独断专行，对自己渐渐地不信任，许多做法都让人难以理解，而张健自己也找不到昔日干事业的感觉。

同样，老板也看张健不顺眼，说张健的举动使公司的工作进展不顺利，有点碍手碍脚。不久，老板把张健解雇了。

从公司出来后，张健并没有气馁，他对自己的工作能力还是充满了信心。不久，张健发现有一家大型企业正在招聘一名业务经理，于是将自己的简历寄给了这家企业，没过几天他就接到面试通知，然后便是和老总面谈，最终顺利得到了这一职位。工作了大约一个月时间，张健觉得自己十分欣赏该公司总经理的气魄和工作能力。同时，他也感觉总经理同样十分赏识他的才华与能力。在工作之余，总经理经常约他一起去游戏、打保龄球或者参加一些商务酒会。

在工作中，张健发现公司的企业图标设计相当烦琐，虽然有美感，但却缺乏应有的视觉冲击力，便大胆地向总经理提出更换图标的建议。没想到其实总经理也早有此意，总经理把这件事安排给他去完成。为了把这项工作做好，张健亲自求助于图标设计方面的专业人士，从他们设计的作品中选出了比较满意的一件。当他把设计方案交给总经理的时候，总经理大加赞赏，立马升张健为公司副总，薪水增加一倍。

是的，被解雇并不是一件坏事，张健面对无情的解雇，他一样凭借着才能找到了更适合自己的工作，而且得到了一位真正"伯乐"的赏识。

天津市寰昊有限公司总经理、天津市振兴社区中心主任邹莲慧的经历再次说明，面对失业，只要你不气馁、不自弃，敢于去拼搏，就一定能有新的开始。

37岁的邹莲慧曾在天津市墨水厂做包装工，7年前下岗后，她在餐厅打过工、卖过服装、干过导游，后来在一家大型饭店做大堂服务工作，从一般员工做到大堂经理。正当饭店业绩蒸蒸日上的时候，一向笑容可掬的老板突然翻脸，把她辞退了。邹莲慧带着3000元钱和一身的疲惫回了家。

看招工启事，跑人才市场，几次碰壁之后，1998年一个偶然的机会，邹莲慧经朋友介绍承包了一个花店。脑子冷静下来之后，她才意识到自己对花卉一窍不通。倔强的她为此花了整整一个星期在花卉市场干杂活，不求报酬，只求学习花卉知识。小花店开张了，花店的布置、进货、送货以及联系客户都由她一个人做。一个月下来，她的手被各种花

生存三做

刺和药液折磨得不成样子了，但让她喜出望外的是，这间不足 20 平方米的小花店不仅没有赔钱反而还有赢利。

恰逢此时，专门扶持下岗女工创业的"天津市妇女创业中心"成立。刚进入妇女创业中心，邹莲慧就暗下决心，一旦有了能力，一定要全力帮姐妹们一把。这既是一种创业，也是一种回报。2001 年初，准备大干一番的邹莲慧用自己的积蓄和第一笔 4000 元小额贷款作为启动资金创立了天津市振兴社区服务中心。她大胆地使用连锁和加盟形式，短短的两个月建起了 60 多个社区服务站，包括美容美发、婚介、花店等众多服务种类。下岗姐妹都说，有了莲慧姐做主心骨，大家就知道怎么做了。

2001 年 3 月，邹莲慧从报纸上得知自来水洗车已被许多城市禁止，中水洗车在全国尚处在发展阶段。何谓中水洗车？她向一些知情人讨教后，敏感地意识到这是一个蕴藏着巨大商机的领域。在得到专家技术支持的保证下，邹莲慧果断地筹集资金添置设备，开始进行试验。在试验过程中，邹莲慧面临着十几万的资金缺口，但试验却是箭在弦上不得不发。她做出了一个惊人的决定——卖房！邹莲慧说："当时的压力真是太大了！试验失败了，技术人员灰心，家里人埋怨，我得给他们打气，可谁给我打气啊？幸好当时妇女创业中心给了我很大的支持和鼓励，才使我走完了那段难熬的日子。"

苦尽甘来，设备终于大功告成。邹莲慧首先做的两件事就是为产品申请专利和企业上网。通过互联网，企业与一家美国公司建立了合作关系，并又引进了最先进的中水处理技术。从 2001 年 5 月份建成投产以来，邹莲慧的公司已在全国销售数百台中水洗车设备，在天津市内设立中水洗车点近百个。同时,她还积极在自己的企业安置了大量下岗职工就业。邹莲慧自强自立的事迹给予许多人鼓舞。

失业只代表某段就业经历的结束,虽然前方会伴随迷茫,但也充满机遇和广大的空间。刘欢曾唱过一首《从头再来》,歌词给许多人带来了心灵的鼓舞。"一切只不过是从头再来……"忍耐一下挺一挺,一切挫折都会过去。

做事不要一味依赖别人

对于成大事者而言,拒绝依赖他人是对自己能力的一大考验。这就是说,依附于别人是肯定不行的,因为这是把命运交给了别人,而失去做大事的主动权。

有些人一遇到任何事,首先想到的是求人帮助,有些人不管是有事没事,总喜欢跟在别人身后,以为别人能解决他的一切疑难,在他们的心里,始终渴望着一根随时可以依靠的拐杖。这样的人在生活中,到处都是。

这样的人,就是有依赖心理的人。

人们经常走入这样一个误区,就是以为他们永远会从别人不断的帮助中获益,却不知一味地依赖他人只会导致懦弱。

坐在健身房里让别人替我们练习,是永远无法增强自己的肌肉力量的;越俎代庖地给孩子们创造一个优越的环境,好让他们不必艰苦奋斗,也永远无法让他们独立自主,成为一个真正的成功者。

依赖他人,觉得总是会有人为我们做任何事,所以不必努力,这种想法对发挥自助自立和艰苦奋斗精神是致命的障碍!试想,一个身强体

生存三做

壮、背阔腰圆、重达近150磅的年轻人竟然两手插在口袋里等着帮助，无疑是世上最可笑的一幕。

一家大公司的老板说，他准备让自己的儿子先到另一家企业里工作，让他在那里锻炼锻炼，吃吃苦头。他不想让儿子一开始就和自己在一起，因为他担心儿子会总是依赖他，指望他的帮助。在父亲的溺爱和庇护下，想什么时候来就什么时候来，想什么时候走就什么时候走的孩子很少会有出息。只有自立精神能给人以力量与自信，只有依靠自己才能培养成就感和做事能力。

美国石油家族的老洛克菲勒，有一次带他的小孙子爬梯子玩，可当小孙子爬到不高不矮（不至于摔伤的高度）时，他原本扶着孙子的双手立即松开了，于是小孙子就滚了下来。这不是洛克菲勒的失手，更不是他在恶作剧，而是要小孙子的幼小心灵感受到：做什么事都要靠自己，就是连亲爷爷的帮助有时也是靠不住的。

人，要靠自己活着，而且必须靠自己活着，在人生的不同阶段，尽力达到理应达到的自立水平，拥有与之相适应的自立精神。这是当代人立足社会的根本基础，也是形成自身"生存支援系统"的基石。因为缺乏独立自主个性和自立能力的人，连自己都管不了，还能谈发展成功吗？不管你的家庭环境多么优越，你总不能依赖家庭一辈子。你终将独自步入社会，参与竞争，你会遭遇到远比家庭生活要复杂得多的生存环境，随时都可能出现你无法预料的难题与处境。你不可能随时动用你的"生存支援系统"，而是必须得靠顽强的自立精神克服困难，坚持前进！

有这样一个青年，出来闯世界，在别人眼中，似乎是很独立、很有主见的人；可实际上，他之所以出来，是因为别人叫他出来。出来之后，当然得找工作，可他根本不会自己去找，而总希望由别人带着去。别人带着去当然可以，可是别人总不能一直带着他，一旦没有人管他，他就不知所措，一筹莫展。

后来他总算找到了工作，是替一个摆服装摊的老板做跟班。带他出来的人很奇怪，怎么做起了人家的跟班，不是有很多合适的工作可以挑选吗？他说，什么工作都得他主动去找，他最怕这个。他宁愿做人家的跟班，人家叫他做什么，他就做什么。

试想，要是那个摆服装摊的老板不要他了呢？要是不要他的话，他肯定会找到另一个可以追随的人。今天他是服装摊老板的随从，明天他可能是某个小官僚的秘书；今天他可能是人家的秘书，明天他可能是人家的佣人。

有着这样的依赖心理，他怎么能够独立成事呢？他怎么能够成为一个事业成功的人呢？说到底，他出来闯荡世界，又有什么意义呢？

他出来闯荡世界之前，是想跟着人家的。他以为人家成功了，他这个跟在后面的人，也会跟着成功。这个青年，就这样带着依赖心理闯荡。结果呢，可想而知，他不可能混出什么名堂来。

对于这样的人、对于依赖心理如此严重的人，我们要奉劝他们一句：及早掉头，要相信自己，要自力更生。只有这样，才能找到自己的人生位置。

第四章

在"做"的过程中寻找和把握机遇

机遇,对于每个人来说都是均等的,就看你怎样把握。聪明的人拥有一双慧眼,他们不但善于把握机遇,而且还善于创造机遇,让机遇为自己服务。愚蠢的人即使机遇就在眼前也会白白地让它溜走。所以,机遇是人生最紧俏的商品,只有善于抓住机遇,才能使它成为成功的跳板。

在"做"中寻求机遇

善于发现和寻找机遇

所谓机遇,多半是由人们自己来发现和寻找的,并不是真的冥冥中有一股无形力量在主宰人们的一切。你必须有一双善于识别和发现机遇的眼睛,这样成功才能更快降临。

哥伦比亚广播公司（简称 CBS）最受欢迎的电视新闻节目主持人默罗于 1937 年被任命为 CBS 的欧洲部主任，并且前往日后成为欧洲战争中心的伦敦任职。那时，希特勒法西斯策划了慕尼黑阴谋，整个欧洲都弥漫着恐惧、紧张的气息，世界大战一触即发。现在看来，这次本不起眼的调动，把一个抱负远大、才能杰出的人推到了时代的风口浪尖。否则，默罗就不会成为彪炳千秋的默罗，他可能依然留在远离战争的纽约平凡地从事教育节目。

默罗的职务是事务性的。依照惯例，他只需安排欧洲官员在 CBS 的广播时间，同时组织一些文化教育节目，不必亲自进行新闻报道。事实上，当时电台上的广播新闻也并不多。

20 世纪 20 年代开始，无线电广播成为美国社会生活中的新生力量。特别是在罗斯福总统通过广播发表了"炉边谈话"之后，社会工作者注意到，收音机已成为美国家庭中比电冰箱、弹簧床还重要的生活必需品。但是，人们主要收听的是音乐、演讲以及富有刺激性或者被演绎了的新闻，纯粹的新闻报道被普遍漠视。这一方面是因为在无线电广播的初创阶段，人们更容易发掘它的娱乐功能，另一方面则因为广播新闻的发展受到了报业阻碍。

据记载，1933 年底，为了缓和与报业的矛盾，全国广播公司、哥伦比亚广播公司甚至与美国广播业者协会签订了这样一项协议，即承诺每天的新闻广播时间不超过两个 5 分钟；每条新闻不超过 30 个词；评论员不得使用发生不到 12 小时的新闻。尽管这项协议到 1934 年底就被废弃了，但是，实际上各广播公司在二战爆发之前，对新闻的处理仍都是漫不经心的。

生存三做

　　1938年3月，默罗到华沙安排教育节目《美国空中学校》。与此同时，希特勒的军队进占了奥地利，奥地利向德国人屈服是意料中的事。

　　于是，默罗的助手威廉·夏勒从维也纳打来电话。他们有自己事先约好的暗语。夏勒说："对手球队刚过了球门线。"它的意思是：德军正在越过边境。在证实了消息的准确性后，默罗果断地包租了一架小飞机，直抵维也纳。

　　战争的逼近，使目光敏锐的默罗意识到了让新闻广播走进千家万户的机会来了，于是，他去当了记者，他在维也纳采访了5天，并且于1938年3月12日安排了广播史上第一次"新闻联播"。

　　默罗从维也纳、夏勒从伦敦，另外三位新雇佣的报纸记者分别从柏林、巴黎和罗马向美国听众报道了他们的所见所闻。

　　这次匠心独具的"联合行动"震惊了欧美上下。它首次向人们充分展示了广播作为现代化新闻传播工具的独特优势，即能够在最短时间里向最广泛的听众群提供最直接、最全面的信息。

　　在历时18天的慕尼黑危机期间，默罗及其助手共播出了151次实况报道，涉及了当时所有的重要人物，如希特勒、墨索里尼、张伯伦等。默罗小组向美国发回报道的速度之快，犹如电闪雷鸣，频率之高无人能与之比肩。这大大激发了人们对广播的兴趣，以及对欧洲的关注。

　　1938年12月，美国一个杂志登了第一篇关于默罗的文章，其中写道：

　　"（默罗）比整整一船报纸记者更能影响美国对国际新闻的反应。"

　　漫长的人生之路，其实就是一条追寻机会的路。有的人在这条路上节节高奏凯歌，有的人在这条路上每每黯然神伤。成功与失败的分歧点，在于是否找出了机会并抓牢在手中。

在日本具有"电影皇帝"之称的坪内寿夫的发家史与战争有关。对他来讲,战后日本社会对文化的需求是他成功的机会。

二战后的日本人民陷入了贫困的深渊。人们索求的不再是神圣的天皇御旨,而是实实在在的物质精神上的基本需求。刚刚从西伯利亚战俘营回国的坪内寿夫,在开创事业之初,协助父母经营一家电影院。

少得可怜的观众使一家人的生计相当困难。观众就是上帝。在研究了观众的心理之后,坪内寿夫发现,经历过战争浩劫的人们心理上养成了节俭的惯性思维,这是因为物质的极度贫乏而造成的。于是坪内寿夫制定了一个吃小亏、占大便宜的战术。他改变了传统的一场电影只放一部片子的习惯,改为一场电影放两部片子。利用人们爱占便宜的心理,使票房收入提高了几倍。坪内寿夫也发了一笔小财。

随着日本经济的不断好转,坪内寿夫发现,由于生活的改善,人们对文化的需求档次也提高了不少。坪内寿夫看准这种势头,倾其所有,别出心裁地兴建了一座电影厅。影厅用黄、绿、橙、蓝四色区分。这样,只需用一间放映厅,同一个入口,既节省了雇员,又能使不同兴趣的观众各自欣赏自己所喜爱的影片。不仅如此,坪内寿夫还设了冷饮店、咖啡店、快餐厅以及美观清洁的卫生设施。

这样的电影大厦充分迎合了日本人当时的需求,坪内寿夫也就财源滚滚而来,成了一代"电影皇帝"。

其实生活中的机遇是无所不在的,细心和积极进取的精神就是你寻找机遇的最好的"法宝"。

只要努力就会有机遇

机遇常常是伴随着勤奋一起来临的，因此如果你抱怨自己没有成功的机会，那么最好还是先检讨一下自己，也许是你还不够努力。

德国大哲学家费希特年轻时，曾去拜访大名鼎鼎的康德，想向他讨教，不料康德对他很冷漠，拒绝了他。

费希特失去了一次机会，但他并未愤愤不平，并且不灰心，也不怨天尤人，而是从自己身上找原因，心想，自己没有成果，两手空空，人家当然怕打搅啦！

为什么不拿出成果来呢？

于是他埋头苦学，完成了一篇《天启的批判》的论文，呈献给康德，并附上一封信。

信中说：

"我是为了拜见自己最崇拜的大哲学家而来的，但仔细一想，对本身是否有这种资格都未慎重考虑，感到万分抱歉。虽然我也可以索求其他名人函介，但我决心毛遂自荐，这篇论文就是我自己的介绍信。"

康德细读了费希特的论文，不禁拍案叫绝。他为其才华和独特的求学方式所震动，便决定"录取"，亲笔写了一封热情洋溢的回信，邀请费希特来一起探讨哲理。

由此，费希特获得了成功的机会，后来成为德国著名的教育家和哲学家。

一谈到小泽征尔先生，大家都知道，他堪称是全日本足以向世界夸耀的国际大音乐家、名指挥家，然而，他之所以能够建立今天名指挥家的地位，乃是参加贝桑松音乐节的"国际指挥比赛"得来的。

在这之前，他完全是个名不见经传的人。

他决心参加贝桑松的音乐比赛，来个一鸣惊人，经过重重困难，他终于充满信心地来到欧洲。但一到当地后，就有莫大的困难在等待他。

他到达欧洲之后，首先要办的是参加音乐比赛的手续，但不知为什么，证件竟然不够齐全，不为音乐实行委员会正式受理，这么一来，他就无法参加期待已久的音乐节了！

一般说到音乐家，多半性格是内向而不爱出风头的，所以，绝大多数的人在遇到这种状况时，必是就此放弃，但他却不同，他不但不打算放弃，还尽全力积极争取。

首先，他来到日本大使馆，将整件事说明原委，然后要求帮助。

可是，日本大使馆无法解决这个问题，正在束手无策时，他突然想起朋友过去告诉他的事。

"对了！美国大使馆有音乐部，凡是喜欢音乐的人，都可以参加。"

他立刻赶到美国大使馆。

这里的负责人是位女性，名为卡莎夫人，过去她曾在纽约的某音乐团担任小提琴手。

他将事情本末向她说明，恳切地拜托对方，想办法让他参加音乐比赛，但她面有难色地表示：

"虽然我也是音乐家出身，但美国大使馆不得越权干预音乐节的问题。"

她的理由很明白。但他仍执拗地恳求她。原来表情僵硬的她，逐渐浮现笑容。

思考了一会儿,卡莎夫人问了他一个问题:

"你是个优秀的音乐家吗?或者是个不怎么优秀的音乐家?"

他非常自信地回答:"当然,我自认是个优秀的音乐家,我是说将来可能……"

他这几句充满自信的话,让卡莎夫人的手立时伸向电话。

她联络贝桑松国际音乐节的实行委员会,拜托他们让他参加音乐比赛,结果,实行委员会回答,两周后做最后决定,请他们等待答复。

此时,他心中便有一丝希望,心想,若是还不行,就只好放弃了。

两星期后,他收到美国大使馆的答复,告知他已获准参加音乐比赛。

这表示,他可以正式地参加贝桑松国际音乐指挥比赛了!

参加比赛的人,总共约60位,他很顺利地通过了第一次预选,终于来到正式决赛,此时他心里想:"好吧!既然我差一点就被逐出比赛,现在就算不入选也无所谓了!不过,为了不让自己后悔,我一定要努力。"

后来他终于获得了冠军。

我们可从他的努力中看出,直到最后,他都没有放弃,很有耐心地奔走日本大使馆、美国大使馆,为了参加音乐节,尽了最大的努力,如此才能为他招来好运——获得贝桑松国际指挥比赛优胜,成为享誉国际的名指挥家,建立现在的地位。

费希特得以成为大教育家,小泽征尔得以成为大指挥家,这难得的机会是哪里来的呢?

是他们从来不畏艰难险阻,励精图治,尽情显现自己的才华,自己努力争取机会,如此心态,如此勇气,如此人生,总会有机会光临,总会有伯乐赏识，只不过在时间上有早晚，形式上有不同罢了。

例如，瑞典科学家阿列纽斯于1882年在瑞典科学院物理学家爱德龙德的指导下进行了测定电解质导电率的研究工作。

他把测定结果写成一篇博士论文寄给母校乌普沙拉大学，由于该校学位评议委员会的成员们还不理解论文的深刻意义，因而错误地评为四等。

"四等"就意味着参加博士考试的失败，但是，阿列纽斯在挫折面前没有退却，没有消沉，他将这篇落选的博士论文和一封附信一起寄给德国加里工学院物理化学家奥斯特瓦尔德。

奥斯特瓦尔德仔细地阅读了论文和来信后，被深深地打动了，连呼"真了不起"。

1884年8月，他亲自去瑞典访问了阿列纽斯，对那篇落选的论文给予了高度的评价，并代表加里工学院授予他博士学位。

阿列纽斯在此基础上继续努力，后因这一成就获得了诺贝尔奖。

矢志进取的人，面对挫折没有抱怨，没有烦恼，没有退却，只有一心向着理想目标奋进，这才是成功的真谛，这也是人生考验的关键。

传说上帝造物之初，本打算让猫与老虎一道做万兽之王的。上帝为考察它们的才能，放出了几只老鼠，老虎全力以赴，很干脆地将老鼠捉住吃掉了。猫却认为这是大材小用，上帝小看了自己，心中不平，于是很不用心，捉住了老鼠再放开，玩弄了半天才把老鼠杀死。考察的结果使上帝认为猫太无能，不可做兽王，就让它身躯变小，专捉老鼠。而虎能全力以赴，做事认真。可以去统治山林，做百兽之王。

这则寓言告诉了我们：只要自己努力，机会总会有的。

生存三做

积极创造机遇

给自己再试一次的机会

人生无常，失败、挫折都是在所难免的事，只要你不承认自己失败了，只要你能鼓起勇气再次尝试，那么成功就一定会属于你。

《读者》上曾刊登了这样一个真实的故事，给人以很大的震撼，现在让大家来共同分享：

刘颖高中毕业后，没有如愿盼来大学录取通知书。在学习成绩上一向颇为自负的她，在经历了那么沉重的打击后，对自己再也不敢有太大的信心。

有很长一段时间，刘颖把自己锁在苦闷和遗憾中，不想见任何人，也不想说任何。

可毕业证总还得亲自去领的。从班主任惋惜而怜悯的目光中逃出来，刘颖唯一的感觉就是想流泪。在过去的那段极苦极累的日子里，她几乎耗尽了所有的精力去搭那架通往梦想的梯子，可在成功似乎已经唾手可得的时候，梯子却倒了。刘颖真的没有足够的心理能力去承受。

出校门的时候，刘颖不经意的一扭头，竟发现门的一侧贴有一张招聘启事。走近了细看，是市内一所普通中学招一名英语教师。条件是高中以上毕业，英语成绩好，口语佳。

刘颖突然想去试试。高中三年，英语成绩一直是她的骄傲。更何况，长大了，毕业了，该自己养活自己了。于是去报了名。那时离试讲的日子已经不远了。回家后刘颖便忙着写教案，跟着录音机练口语。到试讲的前一天，她已对自己有了几分信心。

第二天，校长把刘颖带到教室门口。他拍拍刘颖的肩："对你，我们是比较满意的，这是最后一关了。记住，要沉着。"

刘颖望一眼教室，里面坐满了比她小不了几岁的学生，见来了新老师，都停下正在干的事，齐刷刷地一下子把目光聚到刘颖身上。

血往上涌，刘颖的心，乱跳起来。她知道自己不是个大方的女孩，但为那次试讲，刘颖确实已经付出了足够的心血，所以以为有备而来，心就不会再跳、手就不会再抖。

走上讲台，刘颖的鼻尖上已开始渗出细密的汗珠。坐在第一排的女班长一声洪亮的"起立"让她几乎一下子乱了方寸忘了开场白。人是容易囿于习惯的，对自己扮惯了的角色，如果有一天突然发生转变或者倒置，总会有或多或少的不适应。

刘颖慌忙挥手叫他们坐下。可想刘颖的神情一定很慌乱很窘迫，因为刘颖分明听见几个男孩子的窃笑声。一刹那间充斥她脑中的是有关形象问题、试讲结果问题以及被淘汰掉后她再怎么办的问题，昨天还背得滚瓜烂熟的教案一下子找不到半点头绪。

搜肠刮肚好几十秒钟，刘颖乃然找不到太多的话说，试着讲了几句，连自己都知道前言不搭后语。

刘颖心想自己完了，已开始打退堂鼓了，与其在讲台上出尽"洋相"，还不如趁早给自己找个台阶下去。

"同学们，其实我多想陪你们走一程，可我太糟糕，我不能误了你们……"说完这句话，刘颖无奈而抱歉地望了一眼坐在后排正为她捏一

生存三做

把汗的校长，就想快快地逃出去，逃出那种如浑身被针刺痛般的难受与尴尬。"老师，你等等！"是坐在第一排的那个剪短发的、戴眼镜的女班长。"老师，再来一次，好吗？""我……我不行"。"试一试，老师，你能行的，再来一次，好吗？"后面几个女孩子也附和起来。"再来一次，好吗？"

然后，教室里一下子归于一片静寂，后排那几个等着看"好戏"的男孩子也正襟危坐起来。校长推推眼镜，笑望着刘颖，微微颔首。

40多颗天真无邪的心，40多双真诚的眼睛在那个时候汇成一股暖流和一个坚定的信念流向她、涌向她，突然间她觉得有好多好多的话要对他们说，有好多好多的故事要讲给他们听。想她不能离开那三尺讲台，否则她也许会一生都再也找不着那么好的机会。

她在讲桌前站定，接下来的课，她如数家珍般讲得无比流畅。

面对求知若渴而又善良真诚的学生，原本并没有什么好怕的呀！

后来，那个剪短发戴眼镜的女孩成了刘颖最得意的学生，也成了她最好的朋友。她对刘颖说：老师，当初我为竞选班长三次登台"现丑"，第一次一句话都没敢说，第二次脸红心跳，第三次我换来了最热烈的掌声，每次上台前我都要劝自己："再来一次，好吗？"

有些很简单很朴实的话却能让人受益终生。

我们在岁月中穿行，难免遇到困难和挫折，但同时也会有许多机会摆在我们的面前，我们只有在抓住机会的同时战胜前进道路上的艰难险阻，才能成为一个成功者，所以，在关键时刻，要鼓励自己，给自己再试一次的机会。

中篇　做"实"：脚踏实地是做事的正确出发点

主动开启机遇的大门

生活中，一些软弱和犹豫不决的人总是找借口说没有机会，他们总是喊：机会！请给我机会。其实，一个人生活中的每时每刻都充满了机会。学校里的每一堂课是一次机会；每一个工作是一次机会；每一次商业买卖是一次机会，这些都是展示你优雅与礼貌、才能与智慧、果断与勇气的机会，只不过你没有主动抓住它们而已。

优秀的人不会等待机会的到来，而是寻找并抓住机会，把握机会，征服机会，让机会成为服务于你的奴仆。将它变为有利的条件，而你需要做的事情只有一件：行动起来。

我们来看一个真实的故事，也许会给你一些正面的启迪。

2003年的一个夏天，一个女孩带着北京某高校法律系毕业证到一家律师事务所应聘律师。令她失望的是，该律师事务所要求十分严格，既要求有名牌大学的毕业证，又要求有律师资格证，这两点对于杨红来说是没有问题的。可还有一条：必须有3年以上的律师工作经验。女孩并没有气馁，一再要求主考官让她参加笔试，主考官不得不同意了。女孩不但顺利通过了笔试，并且成绩名列前茅。首席律师对她进行了复试。

首席律师对这个女孩十分欣赏，因为她的笔试成绩最好。可是，当他知道女孩只在某法院实习过一个月时，该律师显得十分失望。最后，他让女孩回去，并说如果录取会打电话通知女孩。

出乎意料的，女孩从口袋里掏出3块钱双手捧给了面前的首席律师，请他无论录用与否都给她打电话。该律师奇怪了："你是不是知道我不会给你打电话？"女孩说："你说如果录取就打电话给我，也就是我很有

生存三做

可能不被录取，我想知道是由于什么原因使我这次失败了，下次我会不再犯这样的错误。""那这3块钱……"女孩微笑了："给没有被录用的人打电话不属于律师事务所的正常开支，所以由我付电话费。"

这时，从外面走进来一位中年男子，首席律师见了这人马上打了个招呼："李总。"

李总点了点头，并微笑着对女孩说："这3块钱我先替你保管着，我现在就通知你，你被录用了。"

这里说的是一个机遇的故事，女孩子用3块钱敲开了机遇的大门，得到了许多人梦寐以求的工作。女孩公私分明的良好品德，在律师工作中是不可或缺的。这个故事同样告诉我们一个道理：在现实生活中，机遇的确是可遇不可求的，当上天真的赐给人们一次次机遇的时候，很多人总是看了看，并没有伸手尽力地去抓住它，结果机遇就这样在这些人的眼皮底下溜走了。当他们知道机遇溜走的一刹那，许多人又哀叹命运之神太不公平，总不赐予机会给他。

善于把握机会的人，是不会轻易放过每一个机会的，他们总是主动向机遇进攻。有一个朋友，是这样讲述他的求职经历的。3月的一天，这位朋友揣着招聘广告，来到一栋大楼前，排在长长的队伍里，渴望能进到这栋大楼里上班。然而，一个工作人员的初审，就把他给淘汰了。因为"高中文凭不能参加面试"。他感到很遗憾，但并不灰心、气馁，还在附近转悠着，企盼机遇能向他涌来。

透过栅栏，他看见一个中年男人，一直背着手，站在旁边观看招工的情景。看样子他是一个高层管理人员。他没有放弃这次机会，不顾一切地向那个中年人招手。那个人愣了愣，还是走过来，胸前的卡片表明他是营销部经理。这位朋友将自己的情况向他和盘托出，并表示尽管自己的文凭低，但确信自己能做好这份工作。营销部经理笑了笑说：等那些大学生面试完了，你可以进来试试。

怀着一线希望，他站在一旁耐心等候。快中午了，肚子有点饿，左顾右盼，附近没有一家餐馆，也没有食品店。许多人也在那里喊饿，还有人在嘀咕：要是有人卖盒饭多好哇！听了这话，他自告奋勇地说："谁要盒饭，我帮你们去买。"带着几十个人的钱，他来到一家餐馆，定了60盒快餐，很快被抢购一空。看了他的举动，营销部经理决定破格录用他。

这种积极主动的举动让他赢得了成功的机会。所以，在人生的历程中，不要等待机遇的突然降临，而应该主动去争取，这样你可能会发现许多机遇是伸手可及的。

机遇总是光临肯做和善做的人

既要肯做，又要独具慧眼，适时抓住机遇

生活当中，只要你善于观察；你的周围到处都存在着对你有利的机遇；只要你肯努力去做，肯伸出自己的手，永远都会有辉煌的事业等待你去开创；只要你目光敏锐，机遇随时会光顾属于你的天地。

生存三做

或许我们都见过一个装满水的大盆不断往外溢水的情景，然而却没有多少人动脑筋，运用自己所学的知识去想一想，人浸在水中的身体的体积正好等于溢出的水的体积。而阿基米德却观察到这一现象，运用这一个方法可以迅速计算出任何不规则物体的体积，所以他的伟大不仅仅是因为他的目光敏锐，还能身体力行去做，所以才得到了机遇的偏爱。

同样，每个人也都明白，一个垂悬的重物会非常有规律地来回摆动，直到最后受空气阻力慢慢地停下来，但是，从来没有人想到过这一现象是否具有其他的现实意义，更没有人想到过在生活中将这一原理运用到其他什么地方。而伽利略在少年时偶然间注意到，在比萨大教堂上方挂着的一只灯在不停地左右摆动，而且来回摆动的幅度极具规律性，他由此而得出了著名的钟摆定律。直到他被投入监狱时，监狱的铁门依然阻挡不了他研究与创造的热情。他利用狱中的稻草秆做实验，最终发明了具有相同直径的实心管与空心管的相对强度。

有一天，霍桑带着一个来自塞勒的朋友与朗费罗共进晚餐。饭后，他的朋友说："我一直都试图说服霍桑写一部有关阿卡迪亚传说的小说，故事是这样的：在阿卡迪亚人逃离时，一个女孩子与她的恋人被冲散了，她终生都在等待、寻找她的恋人，等到她已老态龙钟，终于找到了她的恋人，却发现他已经在医院里去世了……"

听了这个故事后，朗费罗感到很奇怪，为什么霍桑没有想到以此为素材写一部小说。他转向霍桑，问道："如果你不打算以此为素材构思一部小说的话，你能不能让我借用这个故事来写一首诗呢？"霍桑很爽快地答应了，并许诺说，在朗费罗以此为题材写成诗之前，他绝不会用这个故事的原形来写散文。朗费罗抓住了这个机会，创作出了举世闻名的《伊凡吉琳》。

机遇，人们往往把它看成是一种幸运，可这种幸运，绝不同于中奖，谁都可以拿着奖券去兑换现金或者奖品。更不同于地上拾东西，不费吹灰之力，唾手可得。它就相当于一次考试，检验你是否已经有足够资格拥有它，并充分利用它进行创造，而要考的主要科目就是你的观察能力，你的眼光是否敏锐，你是不是肯努力去做。只要你达到了这个标准，你随时会遇到这位"幸运之神"。敏锐地发现人们没有注意到或未予重视的某个领域中的空白、冷门或者是薄弱环节，需要有慧眼，需要后来者站得更高，看得更远，需要的是对已知的不满足和未知的强烈好奇。

"做"要抓住万分之一可能的机遇

能否抓住机遇甚至可以决定你是否有所建树，抓住每一次好的机遇，哪怕那种机遇只有万分之一。

机遇是一个美丽而性情古怪的天使，她悠然降临在你身边，如果你稍有不慎，她又将翩然而去。

不管你怎样扼腕叹息，她却从此杳无音信，不再复返了。

美国有一句俗谚："通往失败的路上，处处是错失了的机遇。坐等幸运从前门进来的人，往往忽略了从后窗进入的机遇。"

美国百货业巨子约翰·甘布士就是一个善于抓住机遇的人。他的经验之谈就是："不放弃任何一个哪怕只有万分之一可能的机遇。"

有不少聪明人对此是不屑一顾的，其理由是：希望微小的机会，实现的可能性不大；如果去追求只有万分之一的机会，倒不如买一张奖券碰碰运气。只有傻瓜才会相信万分之一的机会。

生存三做

其实这是一个天大的错误。

有一次，甘布士要乘火车去纽约，但事先没有订妥车票，这时恰值圣诞节前夕，到纽约去度假的人很多，因此火车票很难买到。

甘布士打电话去火车站询问：是否还可以买到车票？

车站的答复是：全部车票都已售光。不过，假如不怕麻烦的话，可以带好行李到车站碰碰运气，看是否有人临时退票。

车站反复强调了一句话——这种机会或许只有万分之一。

甘布士欣然提了行李，赶到车站去，就如同已经买到了车票一样。

夫人问道："约翰，要是你到了车站买不到车票怎么办呢？"他不以为然地答道："那没有关系，我就好比拿着行李去散了一趟步。"

甘布士到了车站，等了许久，退票的人仍然没有出现，乘客川流不息地向月台涌去了。

但甘布士没有像别人那样急于往回走，而是耐心地等待着。

大约距开车时间还有5分钟的时候，一个女人匆忙地赶来退票，因为她的女儿病得很严重，她被迫改坐其他的车次。

甘布士买下那张车票，搭上了去纽约的火车。

到了纽约，他在酒店里洗过澡，躺在床上给他太太打了一个长途电话。

在电话里，他轻轻地说："亲爱的，我抓住那只有万分之一的机会了，因为我相信一个不怕吃亏的笨蛋才是真正的聪明人。"

美国经济萧条时，不少工厂和商店纷纷倒闭，被迫低价抛售堆积如山的存货，价钱低到1美金可以买到100双袜子。

那时，约翰·甘布士还是一家织造厂的小技师。他马上把自己积蓄的钱用于收购低价货物，人们见到他这股傻劲，都公然嘲笑他是个蠢材！

约翰·甘布士对别人的嘲笑漠然置之，依旧收购各工厂和商店抛售的货物，并租了很大的货场来贮货。他妻子劝他说，不要把这些别人廉价抛售的东西购入，因为他们积蓄下来的钱数有限，而且是准备用作子女教育费的。如果此举血本无归，那么后果便不堪设想。

对于妻子忧心忡忡的劝告，甘布士笑过后对她说："3个月后，我们就可以靠这些廉价货物发大财。"甘布士的话真的能实现吗？过了10天后，那些工厂低价抛售也找不到买主了，便把所有存货用车运走烧掉，以此稳定市场上的物价。

太太看到别人已经在焚烧货物，不由得焦急万分，抱怨起甘布士，对于妻子的抱怨，甘布士一言不发。

终于，美国政府采取了紧急行动，稳定了物价，并且大力支持厂商复业。

这时，因焚烧的货物过多，存货欠缺，物价一天天飞涨。

约翰·甘布士马上把自己库存的大量货物抛售出去，大大赚了一把。

在他决定抛售货物时，他妻子又劝告他暂时不忙把货物出售，因为物价还在一天一天飞涨。

他平静地说："是抛售的时候了，再拖延一段时间，就会后悔莫及。"果然，甘布士的货刚刚售完，物价便跌了下来，他的妻子对他的远见钦佩不已。

后来，甘布士用这笔赚来的钱，开设了5家百货商店，业务也十分繁忙。

如今，甘布士已是全美举足轻重的商业巨子，他在一封给青年人的公开信中诚恳地说道：

生存三做

"亲爱的朋友，我认为你们应该重视那万分之一的机会，因为它将给你带来意想不到的成功。有人说，这种做法比买奖券的希望还渺茫。这种观点是失之偏颇的，因为开奖券是由别人主持，丝毫不由你主观努力；但这种万分之一的机会，却完全是靠你自己的努力去完成。"

不过同时也得注意，要想把握这万分之一的机会，必须具备一些必须的条件：

①目光长远。鼠目寸光是不行的，不能只见树叶，就忽略了整片森林。

②必须锲而不舍地追求。没有持之以恒的毅力和百折不挠的信心是难以成功的。

假如这些条件你都具备了，那么有一天你将成为你想成为的人——只要你去付诸行动。

看准时机并把握它，将它变成现实的财富，才是做好事情的明智选择。

善于把握机遇方能达到理想的生存境界

领先一步，把握机遇

生活中，那些"随大流"的通常都是平庸者，只有拥有敏锐眼光，

中篇　做"实"：脚踏实地是做事的正确出发点

大胆走在人前的人才能抓住机遇，获得成功。

在我们的生活中有许许多多这样的人，他们总是把自己的成功寄托在社会背景、家庭关系和机遇上。这是一种典型的消极思想和消极的自我意识，给他们带来的后果是自卑，不能正确地认识自己，没有积极的自我意识，因而也就不能发现自己的优缺点。究竟什么能使一个人成功？你或许会说，你的人生不取决于自己，而是被自己不能选择也不能控制的处境和力量等机遇所影响。其实，机遇到底从何而来？它不是从天而降的，而是从积极的自我意识为核心的信念和成功心理中带来的。

伦敦市的托尼就是这样一个人。他不盲从别人，不在意别人的嘲讽，能够在瞬息万变中发现并把握住机遇，最终成就了自己的一番事业，也改变了自己的生活。

1932年，随着世界经济形势的好转，英国经济大恐慌的局面也似乎好转了一点，但在这个时候来开设一家新公司，的确有些不合时宜，尤其开设家具公司，更是显得荒谬。因为在这段时间里，许多家庭为了节省日用开支，都实施"合并"政策了，不是做父母的搬来跟子女一起住，就是子女搬去跟父母一起住，如此一来，家具市场的销路当然大为减少。

面对这样的一种市场现状，任何人也不曾想到要开设家具公司，但是，伦敦市的一个普通木匠托尼却想到了。他曾经花费了很长一段时间来考虑这个问题，在反复调查和研究市场以及衡量自己的利弊之后，托尼认为，此时经营家具业并非有赔无赚，因此他最终还是决定要开一家新的家具公司。

在他筹划开新公司的期间，很多朋友都认为他发疯了。经济状况如此萧条，人人都在勒紧裤腰带过日子，谁还有心思去添置家具呢？这时候开家具公司，不是明摆着不识时务吗？一向对托尼怀有坚定信心的妻子玛丽也产生了怀疑。

托尼诚恳地说："我从不欺骗你，亲爱的，就市面上的行情来说，开家具店的确不合时宜。不过我考虑过了，别人不能做，但我可以做，并且可以把它做好。

"说出来道理很简单，因为我自己会木匠手艺，而且，我的手艺已经获得很多老顾客的赞赏和信任。因此，开始的时候，一切都可以由我自己来，用不着请师傅甚至也不必雇伙计，我自己苦一点就行了。这一点你认为有没有道理？"

"道理是有，但是光有人会做也不成，还要有人买才行，是不是？"

"那是当然，不过这一点我也考虑到了，我想销路不会有太大问题。"

托尼还对妻子玛丽陈述了他这样做的两个理由：

一是在开始时不求多做，但要做最高档的产品。经济形势固然萧条不堪，但有些殷实的商人和皇亲贵族家庭，并没有完全失去购买力，相反他们的消费实力依然很强，只要做的家具能中他们的心意，他们照样舍得出大价钱来购买。二是在家具式样的设计和制作方面，托尼颇有信心，他相信，只要他多用点心思，以他这么多年制作和管理家具的经验，设计出来的式样，一定可以得到那些消费者的喜爱。

玛丽听了他的分析，也不禁信心大增，她很欣慰地说："我听了别人的议论，心里真有点替你担心，现在经你这么一分析，我也觉得的确可以这样做，不会有太大的风险。"

"我的真正目的是为将来着想，如果现在不设法把生意做起来，等

中篇 做"实"：脚踏实地是做事的正确出发点

到市面恢复了以后再做，可就要被同行甩在后面了。"

"你的考虑的确很周到，眼光也的确敏锐而且深远。"妻子玛丽赞同了他的意见。但由于经济情况混乱，没有人愿意投资，托尼很难筹集到资金。于是，妻子背着丈夫把结婚项链典当了，才勉强开业。

限于资金缺乏，托尼新开的家具店虽不起眼，设备简陋，名声却很快地传开了。原因是托尼在伦敦木厂工作时，已经建立了很好的声誉，不管是家具零售商、还是材料供应商，都对他非常信任，所以生意开始不久，就已经远近知名了。

这样，经过几年的努力，托尼渡过难关，迎来了世界经济的全面复苏并占领了市场的先机，随着家具需求猛增，最终成了一个大企业家。

立即主动抓住机会

机会是成功的跳板。聪明的人不是让"好心人"送来机会，而是主动抓住机会，从机会中打捞自己想要的"黄金"。

提起卡西欧（CASIO），中国的许多消费者恐怕都知道它是日本一家大电子公司的产品牌号，卡西欧正是被日本人称为计算机之王的中尾四兄弟所创办的计算机公司的产品。

计算机有限公司创业之初是一个只有十几名员工、50万日元资金的小型企业。中尾四兄弟抱着"开发即经营"的思想，从1947年决定研究电子计算机，历经失败的磨难，到1955年才终于完成了"直列程式核对回路"计算机的设计。1956年中尾计算机有限公司才正式宣告成立，1957年12月举行了"卡西欧14-3型"计算机的发表会，终于有了自己的第一件产品。不久，"卡西欧14-A型"以它的独特的表示方式，较快的演算速度，简单合理的操作程序、自动累计功能等特点，赢得了顾客，中尾四兄弟的创业之路从此奠定了坚实的基础。

"14-A型"诞生后，他们又先后开发出"14-B型"和"301型"计算机投放市场，取得了比较好的经营效果。这时中尾公司遇到了最强劲有力的竞争对手——声宝公司。1964年由声宝公司推出的台式电子计算机，一鸣惊人，震惊世界，产品极为畅销，所向无敌，中尾公司的销售额急剧下降，库存日益增多。恰在这时，他与他的总代理内由洋行在如何改进销售上发生分歧，导致最后的分道扬镳。

面对种种困难，中尾四兄弟没有屈服、气馁，他们在寻找对付声宝的秘密武器。最后，他们选择了继续开发新产品，并积蓄自己的力量，以此来对付声宝的竞争思路。他们专门成立了电子技术研究部，1965年"卡西欧81型"、"卡西欧电晶体计算机001型"先后问世，通过试销，受到了消费者的欢迎。试销的成功，增强了中尾公司上下的信心，鼓足了与声宝公司较量的勇气。

中尾公司始终没有放松新产品的开发。1964年7月，他们按照国际商用规格开发新产品"卡西欧101型"计算机，使他们悄悄地叩开了国际市场的大门。而后一发不可收，先后在英国、法国、意大利、西德、瑞士、澳大利亚成立了经销处。在瑞士专门成立了中尾公司驻欧洲办事处，世界上有多个国家和地区销售卡西欧计算机。

谁笑在最后谁就是胜利者，经过十余年的激烈竞争，到1975年，中尾公司以高质量、低价格为手段，打败了日本的数十家计算机公司。然而，市场经济时而风平浪静，时而波涛汹涌。1977年，第二次竞争浪潮再次席卷中尾公司，营业额和利润呈直线下降趋势。中尾兄弟没有

中篇　做"实"：脚踏实地是做事的正确出发点

改变自己的竞争思路，随即开发出"迷你卡门"微型计算机，并以物美价廉取胜，短短三个月就售出 30 万台。中尾公司在竞争中又占有了优势地位。但他们并没有停止，不断开发出新产品销往各大洲，到 1984 年，中尾公司已拥有员工 2500 多人，资金达 1000 多亿日元，年销售额近 2000 亿日元，真正成为世界电子企业的"巨人"。

只要提到手机市场，人们就会不约而同地想到摩托罗拉，保罗·高尔文就是摩托罗拉公司的创始人和缔造者。成功后的高尔文，常有人向他讨教成功的秘诀，每当这时，高尔文就总会讲起自己小时候卖爆米花的故事。高尔文出生在美国伊利诺伊州的一户平民家庭。10 岁那年，高尔文在一个名叫哈佛的小镇上念书。

哈佛镇当时是个铁路交叉点，火车一般都要停留在这儿加煤加水，于是，许多孩子便趁机到火车上卖爆米花，一个个获利颇丰。

高尔文感到在车站卖爆米花是个不错的买卖，于是，上课之余，他也加入了卖爆米花的行列。为了争夺顾客，孩子们常常会爆发一些"战事"。但每当"战火"烧到高尔文身边时，他总是能很快与对方和解，他常常告诫对方："我们这样搞下去，谁也做不成生意了。"除了到火车上叫卖，高尔文还想了许多办法来增加销量。他搞了一个爆米花摊床，用车推到火车站或马路上叫卖。还往爆米花里掺入奶油和盐，使其味道更加可口。

1910 年，哈佛镇下了场大雪，几列满载乘客的火车被大雪封在了这里。高尔文就赶制了许多三明治拿到车上去卖。三明治做得并不太好，但饥饿的乘客们仍抢着购买。高尔文没有趁机敲竹杠。事后，高尔文一算账，惊喜地发现，公平的获利仍让他发了一笔小财。

生存三做

夏天到来后,高尔文又搞了一种新产品,他设计了一个半圆形的箱子,用吊带挎在肩上,在箱子中部的小空间里放上半加仑冰激凌,箱边上刻出一些小洞,正好堆放蛋卷,然后拿到火车上去卖。这种新鲜的蛋卷冰激凌很受欢迎,生意非常火爆。

在火车上做买卖很快成了一个大热门,不但镇上的孩子们纷纷加入竞争行列,而且铁路沿线其他村镇的孩子也纷纷效仿。高尔文隐隐感到这种混乱局面不会维持太久,便在赚了一笔钱后果断退出了竞争。不出所料,不久之后,车站就贴出通告,禁止一切人进入车站和火车上做买卖。

卖爆米花的经历,培养了保罗·高尔文对市场动态敏锐的把握能力,也成了他日后经营生涯中赖以制胜的法宝。在以后的岁月中,每当某些产品或销售进行不下去时,高尔文就会向他的同事们讲述这个"卖爆米花的故事"。

下篇
做"好"：
找到最好的做事途径才能有所收获

一件事情如何去做会有若干种不同的选择，一个人要想拓宽自己的生存通道，就要不断做出最正确的选择。做"好"，是一种人生态度，一种生存的智慧。努力把每一件事情都做好的人，就能从自己的付出中赢得成倍的收获，他的生存前景也必然一片光明。

生存三做

第五章

成功者的人生靠"做"来抒写

一个人如果整天无所事事，那种空虚的生活将是多么无望。要想使自己觉得生活有希望，唯一的办法就是做，做有建设性的事，做有意义的事，做比较难的事。做事就是为自己点亮一盏通往希望的灯，在做事的过程中，你就会觉得前途充满了光明，持之以恒地坚持下去，你就会迈向成功。

掌握正确的做事原则

确定属于自己的定位

做事不能够跟着感觉走、漫无目标、毫无原则和计划的进行，做事必须掌握正确的做事原则，否则，许多事都会因为没有掌握正确的做事原则而功败垂成或者从一开始就难以进行下去。因此，人们往往坚持以

下篇 做"好"：找到最好的做事途径才能有所收获

下的几个做事原则来进行：

有位父亲讲了这样一个故事：

几年前，他可以很自信地对女儿说："恐怕在 20 万个父亲中，你才能找到一个像我这么了解孩子的人！"但在女儿进入高中后，他的这种信心逐渐动摇了。在一次按约同老师通话后，他的信心基本崩溃。因为老师毫不留情地说出他女儿一大堆"必须及时改正"的缺点，并得出了"没有数学脑子"、"缺乏逻辑思维能力"等可怕的结论。在这种压力下，他那曾经是快乐的、争强好胜的女儿，终于说出这种话："爸，我厌学了……"这样苦苦挣扎到高三，他把女儿送到了美国。在经历过一段痛苦的适应期后，好消息不断从大洋那边传来。几个月后，他女儿不但取得了很好的考试成绩，还得到了几份美国老师写给大学的推荐信。这些信，给他的女儿斯蒂芬很高的评价，她在国内曾经被老师批评为"没有数学脑子"，而她的美国数学老师却说她"在数学和解决难题方面有显著特长，经常以自己优雅而且具有创造性的方式解决难题、完成数学证明"。语法老师说她"对细节和微妙的语法差别有敏锐的目光，能成功地记住新词汇并在文章中创造性地运用"，能用轻柔的语言"轻松地表达自己的想法"。英文老师称赞她"对学习感到兴奋"，能在学习中"探索智慧"。"有一种人格的力量，不自负，不自私，不虚伪。""我以性命担保她行。对此，丝毫不应该怀疑！"指导老师概述性地说："斯蒂芬表现得很完美。"她的所有老师都有共同的想法，"她太不可思议了，请再给我们 20 个像斯蒂芬这样的学生！"

同一个人，获得的评价为什么如此不同呢？这实际上只是看问题的角度不同而已。

生存三做

半杯水，有人看到的是空的那一半，有人看到的则是有水的那一半。我们当然不能糊里糊涂地把半杯水看成一杯水，但更不应该只看到那空的一半。在因严重缺水而生命垂危的情况下，"只有半杯水"和"还有半杯水"这是两种不同的信念，甚至可以决定一个人的生死。对一个人的认识和评价也是如此，积极而正确的评价，可以给一个人巨大的前进动力，而消极的评价——尽管也符合事实，则往往使人失去奋斗的勇气和生活的乐趣。因此，不论对自己还是对他人，我们都要尽可能地把其最好的一面挖掘出来。

某位知名作家，在成名前曾换过十几份工作。在一次应电视台《夜来客谈》栏目之邀参加一个以"换工作"为主题的座谈会上，他发表了自己的一些体悟和见解：

他说："18年来，我一共换了13个工作。换工作的原因很多，也很复杂，可说因人而异，我不断更换工作的主要原因是：给自己寻找一个恰当的位置。

"我认为，人类的痛苦大都因为把自己摆错了位置。18年来，从一开始'为生活而工作'，到目前'为理想而工作'，这是一条漫长而艰辛的路程。只有你为理想而工作时，工作、生活与娱乐才可能合而为一，这时你将领悟到，为寻找这个位置所付出的任何牺牲与代价，都是非常值得的。

"多年来不断地换工作，许多人有两点体会：

"第一，选择工作时，除了追逐财富之外，别忘了心灵的满足。若一味地追逐财富，到最后必定彷徨不已，因为追求财富只是手段而已，人生真正追求的目标是和谐、快乐、幸福。

"第二，社会就像一部大机器，是由轮轴、齿轮和许多小螺丝钉组成的。对一部机器而言，轮轴与齿轮固然重要，但小螺丝钉也是缺一不可。因此，与其去当一个不能胜任、痛苦不堪的轮轴，不如去当一个胜任愉快的小螺丝钉。

"对于想换工作的人，自己应该首先清楚换工作只是手段而已，真正的目的是在寻找一个最适合自己的位置。在换工作前，不妨拿一张纸与一支笔，描绘出自己3年后的样子，如果描绘出的景象自己很满意的话，就不要随意更换；相反的，如果描绘不出自己3年后的样子，或画出的景象并非自己期望的，那就表示目前的工作有问题，应该赶紧转变方向。

"最后，这名作家不无感慨道："只有在为理想而工作时，工作、生活与娱乐才可能合而为一。而一个人一生最大的不幸就是找不到自己的优点，进而摆错了自己的位置。"

一个人怎样给自己定位，将决定其一生成就的大小。志在顶峰的人不会甘于落在平地，甘心做奴隶的人永远也不会成为主人。

成功的含义对每个人都可能不同，但无论你怎样看待成功，你必须有自己的定位。

三个工人在砌一堵墙。有人过来问："你们在干什么？"

第一个人没好气地说："没看见吗？砌墙。"

第二个人抬头笑了笑，说："我们在盖一幢高楼。"

第三个人边干边哼着歌，他的笑容很灿烂："我们正在建设一座城市。"

10年后，第一个人换了另一个工地，不过还是砌墙；第二个人坐在办公室里面画图纸，他成了工程师；第三个人呢，是前两个人的老板。

生存三做

三个同样起点的人对相同问题的不同回答，显示了他们不同的人生定位；10年后还在砌墙的那位胸无大志，当上工程师的那位理想比较现实，成为老板的那位却志存高远。最终，他们的人生定位决定了他们的命运：想得最远的走得也最远，没有想法的只能在原地踏步。

盲目行动的人不会有未来可言，因为他完全没有把握自己的方向，我们一定要给自己一个准确的定位、找准目标，这样才能到达梦想的彼岸。

"做"要善于利用时间，做时间的主人

没有时间，生命就无法衡量，也无法计算；没有时间，一切历史都失去了意义，一切生命都失去了华彩。

时间一去不返，不管你高兴还是忧伤。

时间是碎片，不懂得收集，它会在无意间溜走。时间更像边角料，要学会合理利用，一点一滴地累计，才会得到长长的时间。

向时间要效益，合理利用时间就是与时间争夺宝贵的生命。"忙里偷闲"，会这样做的人，才是会生活的人。

唐朝百丈禅师说：一日不作，一日不食。

要维持一个人心灵的健康，一定要避免时间的荒芜。生命的意义就在于努力去做事，让自己振作起来。积极努力地做事可以让人的身心更加健康。有的人退休后，又开始从事第二职业，他们不仅会获得成就感，其身心也会健康。还有许多退休的教师，他们积极投入助人的义务工作，非常令人敬佩。

时间是慷慨的，也是吝啬的。勤学者，时间给予他的是知识和智

慧，时间使他的生活更有光彩，青春更加美丽。怠惰者，时间终究将他抛弃，到头来双手空空，一无所有。所以说，你要珍惜你的时间，做时间的主人。

一个城郊的居民区住着3户人家，他们的平房紧紧相邻着，3个男人都是从农村被招进了一家炼铁厂。

厂里工作辛苦，工资又不高。下班了，3个人都有自己的活。一个到城里去蹬三轮车，一个在街边摆了一个修车摊，还有一个在家里看书，写点文章。蹬三轮车的人钱赚得最多，高过工资。修车的也不错，能对付柴米油盐的开支。看书写字的那位虽没有收入，但也活得从容。

有一天，3个人说起自己的愿望。蹬三轮车的人说，我以后天天有车蹬就很满足了。修车的说，我希望有一天能在城里开一间修车铺。喜欢看书写东西的那个人想了很久才说，我以后要离开炼铁厂，我想靠我的文字吃饭。其他两位当然都不信。

5年过去了，他们还是过着同样的生活。但10年后，修车的那位真的在城里开了一家修车铺，自己当起了老板。蹬三轮的那位还是下班了去城里蹬车。15年后，看书写字的那位发表的一些作品，在当地引起了不小的轰动。20年后，他被一家出版社看中，调到省城当了编辑。

时间无限，生命有限。在有限的生命里懂得把时间拉长的人就拥有了更多做事情的本钱。人的生命是有时限的。

伟人们所达到的高度，不是一飞就到，而是他们在同伴们都睡着的时候，在夜里辛苦地往上攀爬……

时间是个有伸缩性的箱子，只要你填，它是永远都不会满的。把业余时间也填满，那么，日复一日，你的生活将会有很大的改变。

生存三做

利用好时间是非常重要的，一天的时间如果不好好规划一下，就会白白浪费掉，就会消失得无影无踪，我们就会一无所成。事实表明，成功与失败的界线往往在于怎样分配时间，怎样安排时间。

让我们做个假设。银行每天给你一定数目的钱，就算24万吧。你在这一天内可以随心所欲，想用多少就用多少，用途也没有任何规定。条件只有一个：用剩的钱不能留到第二天再用，也不能把节余归己。

如果你处于这种情况，你会怎么办呢？像大多数人一样，你会很快想出办法把每天的钱花光。开始，你会购买你最需要的东西。但如果你是精明人，你会很快想出办法把每天的钱用于投资。从长远来看这投资会使你得到更多的回报。

事实上你每天都面临上述的情况，无论你是否意识到，那家"银行"就是时间。你每天都会得到24小时，随便你怎么利用。这些时间你如果不利用，最后也不会回来。

"一切节约归根到底都是时间的节约。"因为时间的特点是：既不能逆转，也不能贮存，是一种不能再生的、特殊的资源。

时间对任何人、任何事都是毫不留情的，是专制的。时间既可以毫无顾忌地被浪费，也可以被有效地利用。有效地利用时间，便是一个效率问题。也可以说，效率就是单位时间的利用价值。人的生命是有限时间的积累。以人的一生来计算，假如以80高龄来算，大约是70万个小时，其中能有比较充沛的精力进行工作的时间只有40年，大约1500个工作日，35万个小时，除去睡眠休息，大概还剩2万个小时，生命的有效价值就靠在这些有限的时间里发挥作用。提高这段时间里的工作效率就等于延长寿命。显然，"效率就是生命"也是无可非议的。

下篇 做"好"：找到最好的做事途径才能有所收获

工作和生活中，我们要学会善待时间，善用时间。只有珍惜时间，我们的生命才会更"长寿"，我们的"效率"才会更高。

要精明地利用时间，最重要的措施之一是做事情时要大大减少你浪费掉的时间。这样做就好像是在同等的时间内延长了自己的生命。而要使你有限的生命期得到延长，需注意：坚决不做毫无价值的事来浪费你有限的时间。

我们身边有许多人整天都在忙忙碌碌，整天都没有闲暇时间。表面看起来，好像他们在充分地利用着时间。可是，到头来我们并没有看到他们有什么成就。其实，这些忙忙碌碌的事情中，有一大半是可做可不做的、没有价值的事情。做这些事纯粹是白白地消耗宝贵的时间，生命也就在这里一分一秒的悄悄地流失了。

在生活中我们每个人都应该养成一个珍惜时间的良好习惯。因为一个人的生命是有限的，在有限的时间里能做出一些有意义的事，方不虚度此生。有些人总是以没有时间作为借口，但是时间就像海绵里的水一样，想挤总是有的。

没有人真的没有时间。每个人都有足够的时间做必须做的事情，至少是最重要的事情。很多人看起来很清闲，却能够做更多的事情，他们不是有更多的时间，而是更善于利用时间。

凡是在事业上有所成就的人，都是惜时如金的人。无论是老板还是打工族，一个做事有计划的人总是能判断自己面对的顾客在生意上的价值，如果有很多不必要的废话，他们都会想出一个收场的办法。同时，他们也绝对不会在别人的上班时间，去和对方海阔天空地谈些与工作无关的话，因为这样做实际上是在妨碍别人的工作，浪费别人的生命。

生存三做

善待来客的人往往会巧妙地安排时间。老罗斯福总统就是这样做的一个典范：当一个分别很久、只求见上一面的客人来拜访他时，老罗斯福总是在热情地握手寒暄之后，便很遗憾地说他还有许多别的客人要见。这样一来，他的客人就会很简洁地道明来意，告辞而去。

在日常生活中，你要学会和自己比赛，始终走在时间的前面，尽可能地超出自己平常的成绩，不断向辉煌巅峰迈进。

现代人的生活节奏越来越快，许多人常常感到时间紧张，没有很多时间做自己想做的事情，那么不妨试着坚持每天睡前挤出十几分钟的时间，做你该做的事，一旦养成习惯，长期坚持下去就很容易了。

除了认真用好余暇时间之外，我们还应该学会善用零碎时间。比如在车上时，在等车时，可用于学习、用于思考、用于简短地计划下一个要做的事情。把零碎时间用来做零碎的工作，从而最大限度地提高工作效率。充分利用零碎时间，短期内也许没有什么明显的感觉，但积年累月，将会有惊人的成效。

按照正确的方式方法做

不要生搬硬套别人的做法

以正确的方式方法做事是成功的一个重要前提。方法正确了，做事

下篇 做"好"：找到最好的做事途径才能有所收获

就可以少走弯路，尽快向目标靠近。所以，做事应该有自己的正确主张和见地。那么，该如何以正确的方式方法进行呢？你不妨看一下下面的几条建议：

拿破仑一生中令人叹服的一大战绩，就是成功地跨越了高峻的阿尔卑斯山，以出奇制胜的方式把奥地利军队打得落花流水，顷刻间土崩瓦解。

当时人们都认为，阿尔卑斯山是"天险"，没有一支军队可以翻越。但拿破仑心中早拟好了翻越的具体方案，据此对士兵加以训练，因此他率领军队成功地越过了天险。

当位于阿尔卑斯山另一边的奥地利军队，发现数万法军正在逼近首都时，他们甚至以为这支军队是"天降神兵"！当奥军准备调兵迎战时，却为时已晚。

拿破仑善于出奇制胜，赢得了无数次的大小胜利。而导致他最终垮台的原因，却正是因为他曾经赢得了太多的战争。在赢了多次以后人就会自满，并且会用以前的经验来应付新的战争。可是事实证明，经验并不足以应付纷繁复杂把地上的糖的新情况，以经验套用在新形势上则无异于缚住了自己的手脚，等于作茧自缚，自毁前程。

例如，当法军入侵俄国时，俄国大将库图佐夫创造了一个焦土战术。这是拿破仑以前从未碰到过的，所以在俄军面前简直不知所措、无所适从。

每当看到法军，俄军便向后撤，并把所有他们认为可能落入法军手中的房屋和补给品统统烧掉。法军一直在追，俄军一直在退，沿途法军所见的尽是熊熊烈火。

生存三做

拿破仑率军队追到莫斯科时，发现首都也是一片火海，克里姆林宫居然也被俄军给点燃了。拿破仑感到俄国人简直疯了！不过，他很快发现，法军找不到任何粮食和驻扎的房屋，远远从法国运送的补给品也遥遥无期。当时正值冬天，法军饥寒交迫，根本无法立足。

拿破仑此时才发觉形势十分不妙，便匆匆下令撤军。可是为时已晚，俄军反退为进，转守为攻，追击法军。在仓皇撤退的路途中，士气低落的法军又遭到俄军的追击，终于在滑铁卢战败投降。

拿破仑所遭受的惨败，完全是盲目照搬自己以前的成功经验的缘故。因此可以说，拿破仑不是败在敌军的手上，而是败在他自己的手上，是他成功的经验给他带来了失败的结果。

每个人在做事的过程中都有自己的做法，也会从别人那里吸取到经验，对于经验，必须辩证地看待，灵活地运用，这样才不会落入生搬硬套的怪圈。

不知道你是否听过这个故事：从前，有个四口之家：丈夫、妻子和两个小孩。丈夫是个商人，他每天到各村去收购糖，回家后，总是把糖装进箩筐或麻袋里，然后运到外地去卖。在集中包装这些糖时，经常掉些糖在地上，而他却满不在乎。他妻子是个细心、勤俭的人，她见满地的蔗糖心疼极了。每当她丈夫装完糖后，她都要把地上的糖捡起来，装在麻袋里，存放在最后的房间里，不告诉丈夫。

第二年，临近年关时，蔗糖短缺，丈夫只好停止买卖。按照当地的惯例，每年年终要结一次总账，一切拖欠的债务都要偿还完毕，绝不能拖到明年。

这两年来这个商人的生意做得很不顺利，特别是缺糖的这一年，他亏蚀了本钱，还欠了人家一些债。数目虽然不多，但也使他伤透脑筋。他整天冥思苦想："到哪儿去筹借这笔钱来还债呢？"后来他对妻子说了这件事，并且感叹道："如果能留下点蔗糖就好了，一定能卖个好价钱，也不至于负债。可现在一点糖也没有，怎么办？"

丈夫的艰难处境，使妻子猛然想起平时拣的糖，她想："糖可能不多，但还有些。"她疾步走到后房，清点一下，居然还不少呢，整整有四担之多。妻子满面笑容地将此事告诉丈夫，丈夫到后房一看，真是绝处逢生，面对四大担蔗糖，不禁欣喜若狂。

商人扭亏为盈，全靠细心贤惠的妻子，这消息传遍全村，也传到镇上。

镇上有家卖书报和文具的小店，店主将这件事讲给自己的妻子听。妻子也想博得丈夫的夸奖和感激，她思忖片刻，觉得这很容易。从那天起，她每天趁丈夫不在时将书、报纸、课本、日历等，每样拿一两本藏起来，天天如此。快两年了，她看到藏起来的书报等物已经不少，扬扬得意地叫丈夫到后房去看。丈夫不看倒也算了，一看气得差点昏倒："天呀，你这是在拿我的血汗钱开玩笑！"丈夫仰天哀叹。愚蠢的妻子生搬硬套，报纸、课本、日历过了时，还会有谁要呢？

向别人学习，是要动脑筋的，要灵活地学，千万不能生搬硬套。生搬硬套意味着危险。生搬硬套地学，不如不学。

"做"不要好高骛远，要量力而行

我们鼓励大胆行动，但不主张盲目行动，行动之前应该正确地评估自己的能力，给自己确立可行的目标，这样才能取得成功，过于高估自己、好高骛远，只会让你在现实里碰得头破血流。

水从高原流下，由西向东，渤海口的一条鱼逆流而上。它的游技很精湛，因而游得很精彩，一会儿冲过浅滩，一会儿划过激流，它穿过了湖泊中的层层渔网，也躲过无数水鸟的追逐。它不停地游，最后穿过山涧，挤过石隙，游上了高原。然而，它还没来得及发出一声欢呼，瞬间却冻成了冰。

若干年后，一群登山者在高原的冰块中发现了它，它还保持着游动的姿势。有人认出这是渤海口的鱼。一个年轻人感叹说：这是一条勇敢的鱼，它逆行了那么远那么长那么久。另一个年轻人却为之叹息，说这的确是一条勇敢的鱼，然而它只有伟大的精神却没有伟大的方向，它极端逆向的追求，最后得到的只能是死亡。勇气固然重要，但凡事应该量力而行。

世界上大多数人都是平凡人，但大多数平凡人都希望自己成为不平凡的人。梦想成功，梦想才华获得赏识、能力获得肯定，拥有名誉、地位、财富。不过，遗憾的是，真正能做到的人，似乎总是少数。因为，他们都经意或不经意地陷进了好高骛远的泥潭里。

好高骛远者往往是把自己的理想设计得高不可攀，而根本不知道应该把理想与自己的实际力量在一定范围内联系起来。

有些人做事情从来不考虑自己是否力所能及，于是做出了不切实际的决定，不是遭到失败就是弄出荒谬可笑的事情来。对于根本不可能的事，还是不要痴心妄想的好。

人生虽有许多种力量，但实力是建设人生的最重要的手段和最基本的力量。在奔赴成功的艰辛路途中，我们绝不能好高骛远，我们需要的

下篇 做"好"：找到最好的做事途径才能有所收获

只有实力，只有实力才能对人生的事业与理想起到帮助和推动作用，使人生增值。

被评为湖南省十大杰出青年农民的刘九生，是靠做木梳起家的。刘九生高中毕业时正赶上父亲因不慎失足而摔成了残疾，他为了照顾家庭，放弃了高考回到家里，整日过着"面朝黄土背朝天"的生活。年轻气盛的刘九生不甘心一辈子过这种一潭死水般的生活，他梦想着有朝一日自己能够发家致富，创一番大事业。为此，刘九生曾做过多种生意，但总未能成功。刘九生的父亲有一手做木梳的手艺，劝他做木梳，可刘九生认为一个大男人，做小木梳有什么出息，不愿意学。

有一天，刘九生正坐在墙角叹气时，父亲走过来，心平气和地对他说："孩子，是我对不起你，耽误了你考大学。但三百六十行，行行出状元。如果你能把木梳做好，也可以发财啊，你如果愿意学，我明天就教你。"第二天，刘九生就跟父亲学起了做木梳。他专心致志地学，几天就学会了，但每天只能做几把木梳，他们家住的地方比较偏僻，拿到集市上去卖，价格很低，慢慢地刘九生有点灰心了。但有一天，他到城里办事，发现城里一把木梳比家乡集市上要贵几毛钱，于是，他便挨家挨户去收购木梳，做起了木梳的批发生意。他很快就赚了五六万元钱，看到村里人手工做木梳靠的是传统的方法，生产速度慢，有时货源还短缺，他萌生了办一个木梳厂的想法。

厂子建起来了，他又四处寻找销路，1993年12月的一天，刘九生突然接到衡阳市一家公司老总打来的电话，说想经销他的一些货，但不知木梳质量好坏，刘九生放下电话，就直奔那家单位，当刘九生走进这家单位时，正好碰上这家公司的员工下班，他的心猛地一沉，以为老总

生存三做

可能早就下班了！正当他有点灰心丧气时，忽然发现一个夹着公文包的人从公司走了出来，他怀着碰碰运气的心情上前去问道："请问××经理的办公室在哪里？"没想到那个人就是那位老总。他看到刘九生如此勤勉，十分感动，紧紧握住刘九生的手说："小伙子，你的精神感动了我，我相信你的梳子质量也是最好的。"这一笔生意，给刘九生带来了2万元的利润。

刘九生就是这样，踏踏实实地，凭着用心和刻苦，走上了事业成功的道路。现在，刘九生的"天天见"公司一跃成为全国最大的木梳生产企业之一，产品远销东南亚各国，公司总资产已达到千万元。刘九生的经历告诉大家，要成功首先要量力而行，许多人好高骛远，终其一生也一事无成，因为他的精力主要耗损在焦躁的期盼之中，对要做的事情并未真正投入必要的精力，看上去很忙，实际上是"泡沫现象"。

因此，如果你好高骛远，那就在人生操作上犯了一个大错误。你心性要强、目标远大固然不错，但目标好像靶子，必须在你的有效射程之内才有意义。如果目标太偏离实际，反而无益于你的进步。

好高骛远者首要的失误在于不切实际，既脱离现实，又脱离自身，总是这也看不惯，那也看不惯。或者以为周围的一切都与他为难，或者不屑于周围一切，终日牢骚满腹，认为这也不合理，那也有失公允。不能正视自身，没有自知之明，是他们的突出特征。其实每个人都该掂量自己有多大的本事，有多少能耐，不要沾沾自喜于过去某方面的那一点点成绩，要知道自己有什么缺陷，不要以己之所长去比人之所短。

脱离了现实便只能生活在虚幻之中，脱离了自身便只能见到一个无限夸大的变形金刚。没有坚实的基础，只有空中楼阁、海市蜃楼；没有切实可行的方案和措施，只有空空洞洞的胡思乱想，这是形成好高骛远的人生悲剧的前奏。

好高骛远者打心眼里瞧不起每天围绕在身边的那些小事，不屑于做它，这是形成好高骛远者人生悲剧的根本性原因。

小事瞧不起不愿做，而大事想做却做不来，或者轮不到他做，最后终于一事无成。眼看着别人硕果累累，他空有抱怨、空有妒忌。

要想度过人生的危难，战胜人生中的种种挫折，成就一番事业，就要及早打下一个良好的基础，要量力而行，要从最细小、最微不足道的地方做起，从最卑微的事情起步。

在提高"做"的效率上下功夫

"做"要抓住重点把重要的事情放首位

做事的一个重要原则就是要区别事情的轻重缓急，把重要的事情放在首位。如此看来有必要制订一个时间顺序表。这样你就不会对突然涌来的大量事务手足无措。

美国的卡耐基享有"20世纪伟大的人生导师"的美誉，他在教授别人期间，有一位公司的经理去拜访他，看到卡耐基干净整洁的办公桌感到很惊讶。他对卡耐基说："卡耐基先生，你没处理的信件放在哪

生存三做

儿呢？"

卡耐基说："我所有的信件都处理完了。"

"那你今天没干的事情又推给谁了呢？"老板紧接着问。

"我所有的事情都处理完了。"卡耐基微笑着回答。看到这位公司老板困惑的神态，卡耐基解释说："原因很简单，我知道我所需要处理的事情很多，但我的精力有限，一次只能处理一件事情，于是我就按照所要处理的事情的重要性，列一个顺序表，然后就一件一件地处理。结果，完了。"说到这儿，卡耐基双手一摊，耸了耸肩膀。

"噢，我明白了，谢谢你，卡耐基先生。"几周以后，这位公司的老板请卡耐基参观其宽敞的办公室，对卡耐基说："卡耐基先生，感谢你教给了我处理事务的方法。过去，在我这宽大的办公室里，我要处理的文件、信件等等，都是堆得和小山一样，一张桌子不够，就用三张桌子。自从用了你说的法子以后，情况好多了。瞧，再也没有没处理完的事情了。"

这位公司的老板，就这样找到了处事的办法，几年以后，成为美国社会成功人士中的佼佼者。我们为了个人事业的发展，也一定要根据事情的轻重缓急，制出一个日程表来。我们可以每天早上制订一个先后表，然后再加上一个进度表，就会更有利于我们向自己的目标前进了。

有效的做事方法是能抓住重点。决定哪些是"首要之事"以后，时刻地把它们放在首位。

E．M．格雷曾写过小品文《成功的公分母》。他一生探索所有成功者共享的分母。他发现这个分母不是勤奋地工作、好运气或精明的人际关系，虽然这些都是非常重要的，一个似乎超过所有其他因素的条件是把首要的事放在首位。

成功人士都是以分清主次的办法完成自己的计划。这样的计划条分缕析，不至于出错，因此，为自己做一个优先顺序表是养成"计划行事"好习惯的第一步。

法国哲学家布莱斯·巴斯卡说："把什么放在第一位，是人们最难懂得的。"在现实生活中，许多人都是这样，对他们来说，这句话不幸而言中，他们做事分不清轻重缓急，抓不住重点。他们以为工作本身就是成绩，但这其实是大谬不然。

实际上，懂得生活的人都明白轻重缓急的道理，他们在处理一年、一个月、一天的事情之前，总是按主次的办法来安排自己的时间：

（1）把重要的事情放在第一时间处理

商业及电脑巨子罗斯·佩罗说："凡是优秀的、值得称道的东西，每时每刻都处在刀刃上，要不断努力才能保持刀刃的锋利。"罗斯认识到，人们确定了事情的重要性之后，不等于事情会自动办好。你或许要花很大的精力才能把这些重要事情做好，要始终把它们放在第一时间处理，你肯定要费很大的劲。下面是有助于你做到这一点的三步计划：

①估量。首先，你要用需要、目标、回报和满足感四原则对将要做的事情做一个估量。

②排除。第二步是去排除你不必要做的事，把要做但不一定要你做的事委托别人去做。

③规划。记下你为达到目标必须做的事，包括完成任务需要多长时间，谁可以帮助你完成任务等。

（2）精心确定主次

生存三做

在确定每一年或每一天该做什么之前,你必须对自己应该如何利用时间有更全面的安排。要做到这一点,你要问自己四个问题:

①我的目标和责任是什么?我们每一个人来到这个世界上,都是一种巧妙的安排。我们每个人都肩负着一个沉重的责任,按指定的目标前进。可能再过20年,我们每个人都有可能成为公司的领导、大企业家、科学家。所以,我们要解决的第一个问题就是,我们要明白自己将来要干什么?只有这样,我们才能持之以恒地朝这个目标不断努力,把一切和自己无关的事情统统抛弃。

②我需要做什么?要分清缓急,还应弄清自己需要做什么。总有些任务是你非做不可的,重要的是你必须分清某个任务是否一定要做,或是否一定要由你去做。

③什么能取得最大的收益?人们应该把时间和精力集中在能给自己带来最高收益的事情上,即他们会比别人干得出色的事情上。在这方面,让我们用巴莱托(80/20)定律来引导自己:人们应该用80%的时间做能带来最高收益的事情,而用20%的时间做其他事情,这样的计划是最具有战略眼光的。

④什么能给我最大的快乐?人的一生无论你做过什么,只要你问心无愧,轻松快乐,那么,你的人生已经很完美了。快乐,是所有计划、目标的出发点。无论你地位如何,你总需要把部分时间用于做能带给你满足感和快乐的事情上,这样你会始终保持生活热情。

(3)根据优先法则开始行动

在确定了应该做哪几件事之后,你必须按它们的轻重缓急开始行动。

按优先程度开展工作。以下是几个建议：

①每天开始都有一张优先表。把你的计划罗列出来，选出最重要的排在前面，先去完成它，再安排时间做别的事情。

②把事情按先后顺序写下来，定个进度表。把一天的时间安排好，这对于你成就大事是很关键的。这样你可以每时每刻集中精力处理要做的事。但把一周、一个月、一年的时间安排好，也是同样重要的。这样做给你一个整体方向，使你看到自己的宏图，从而有助于你达到目的。

③计划也要适时改变。当有的计划行不通或出现问题时，马上予以纠正，不要钻牛角尖，改变个别步骤是为了保持计划整体的完整。

你要想很好地按计划行事，就一定要记住——千万不要眉毛胡子一把抓！

劳逸结合好做事

俗话说："磨刀不误砍柴工。"研究表明，劳逸结合更能提高做事的效率。有的人为了把工作完成得尽善尽美，晚上经常加班加点开夜车，久而久之，人累得疲惫不堪，不但不能提高工作效率，身体素质也开始下降。人是血肉之躯，不是机器，只有劳逸结合才能让自己工作得更有效率。

人的生命有三分之一是在睡眠中度过的，睡眠对于人来说就如同阳光、空气、水一样重要，所以我们一定不能忽视睡眠，做事刻苦努力固然好，但凡事都有个限度，超越限度，就会走向反面。如果只是勤奋而不注意睡眠、休息，不仅不能提高做事的效率，反而会影响身体健康。孔子的得意门生颜回，是个做事非常勤奋的人，他能"闻一以知十"。

生存三做

但他不注意身体，29岁头发都白了，31岁就短命死了。唐朝著名文学家韩愈年轻时，"口不绝吟于六艺之文，手不停披于百家之编"，到了"年未四十，而视茫茫，而发苍苍，而齿牙动摇。"所以，我们应当把时间安排好，该做事的时候做事，该休息时休息。

把一天的工作、休息、锻炼身体交错进行安排，可以提高效率。这是因为大脑细胞长时间接受一种信息刺激，长时间持续同一个活动内容，会导致工作效率降低。如果穿插进行其他内容的活动，人体原有的兴奋产生抑制，在其他部位出现新的兴奋区。为此，注意变换做事的内容是必要的。例如，马克思写作时从来不是无休止地持续下去，写作累了，就演算一会儿数学题，或停下来散散步，或背诵一段莎士比亚剧本中的人物对话，读一会儿巴尔扎克的名著，或者和孩子们玩上一会儿。接着又精力充沛地投入写作。

生活中有很多出力不讨好的事。为了完成一项任务，我们可能正在废寝忘食、天昏地暗，只因方法不当，结果事倍功半。当然也就与成功失之交臂。所以，在做事中，我们不但要抓紧努力，而且要学会怎样提高做事的效率，否则，"抓紧"做事的人有可能被那些轻松做事的人给甩到后面去。

狮王要毛驴负责开垦一块500亩的荒洼地。

毛驴接到命令后马上行动起来，它领着众毛驴们起早贪黑，干得非常起劲。

过了几天，狮王前来视察，看后对毛驴说："怎么这么长时间了，还没开垦出来？要抓紧时间，争取下个月完成。"

毛驴一听傻了眼，自己没白没黑地干，还干不好，下个月完成？这怎么可能呢？这么大一片地！

毛驴整天愁眉不展，茶饭不进，又加上日夜操劳，瘦了一大圈。一天，一只狐狸悄悄地跑来对毛驴说："毛驴兄，你干活要想法提高效率，也要讲究点策略，你没见狮王每次来都在公路上转一圈便走吗？什么时候到地里去看一次了？你不妨先把路边的地开垦好，至于里边的，你再慢慢来嘛！"

"唉，也只好如此了。"毛驴无奈，便听从了狐狸的建议，只把路边的地开垦了出来，并种上了庄稼。一个月后，狮王又来视察，它看见地已开垦出来，庄稼也已长出了小苗苗，很高兴，当即表示奖励毛驴10万元钱。

毛驴用这些钱雇了几十台机械，把余下的地开垦了出来。

第二年，毛驴因"政绩突出"，被调到了狮王府。

这则寓言告诉我们，做事既要注重效率又要讲究方法策略，有些时候要获得成功的可能，必须在抓紧努力的同时，在提高效率上多下些功夫。

你也许跟一位在会议桌上疲惫不堪的推销员一样，一天到晚忙得动弹不得。你开始向一位想要买东西的人游说，但在紧要关头，却没有招待好另一位顾客。你急着想把东西推销出去，可是当客人在订货单上签字时，又有一个人抓住了你的袖口，问了一个你难以回答的问题，就在你要回答问题时，你突然想起你原本要告诉第二位客人一些事的。所以你搁下手边的事情，趁着在这件事情还没忘掉之前，打个电话告诉他。可是就在你等他接电话的当儿，不断有人走进摊位向你询问产品……

从早到晚，你就这样一直忙碌不堪。你忙个不停地向数以百计的人

生存三做

推销，却没有达成一宗交易，收效为零。

这种做事方式使你无法控制自己的时间和精力，是极不可取的。

不要充当工作机器，不要只会机械地往前冲，多留点时间休息，多审查、评估一下自己的工作绩效，才能增加你的实力，让你工作起来更有效率。

借鉴成功者的宝贵经验

敢于尝试，是挑战成功的第一步

你可能有很多美妙的构想、详尽的计划，但如果你不去尝试、不敢行动，那么它们就毫无意义。只有大胆尝试，才能把梦想化为现实。

美国探险家约翰·戈达德说："凡是我能够做的，我都想尝试。"在约翰·戈达德15岁的时候，他就把他这一辈子想干的大事列了一个表。他把那张表题名为"一生的志愿"。表上列着："到尼罗河、亚马孙河和刚果河探险；登上珠穆朗玛峰、乞力马扎罗山和麦特荷恩山；驾驭大象、骆驼、鸵鸟和野马；探访马可·波罗和亚历山大一世走过的道路；主演一部'人猿泰山'那样的电影；驾驶飞行器起飞降落；读完莎士比亚、柏拉图和亚里士多德的著作；谱一部乐曲；写一本书；游览全世界的每一个国家；结婚生孩子；参观月球……"每一项都编了号，一共有127

个目标。

当戈达德把梦想庄严地写在纸上之后，他就开始抓紧一切时间来实现它们。

16岁那年，他和父亲到了乔治亚州的奥克费诺基大沼泽和佛罗里达州的埃弗格莱兹去探险。这是他首次完成了表上的一个项目，他还学会了只戴面罩不穿潜水服到深水潜泳，学会了开拖拉机，并且买了一匹马。

20岁时，他已经在加勒比海、爱琴海和红海里潜过水了。他还成为一名空军驾驶员，在欧洲上空做过33次战斗飞行。他21岁时，已经到21个国家旅行过。

22岁刚满，他就在危地马拉的丛林深处，发现了一座玛雅文化的古庙。同一年，他就成为"洛杉矶探险家俱乐部"有史以来最年轻的成员。接着，他就筹备实现自己宏伟壮志的头号目标——探索尼罗河。

戈达德26岁那年，他和另外两名探险伙伴，来到布隆迪山脉的尼罗河之源。3个人乘坐一只仅有60磅重的小皮艇，开始穿越6000千米的长河。他们遭到过河马的攻击，遇到了迷眼的沙暴和长达数千米的激流险滩，闹过几次疟疾，还受到过河上持枪匪徒的追击。出发10个月之后，这3位"尼罗河人"胜利地从尼罗河口划入了蔚蓝色的地中海。

紧接着尼罗河探险之后，戈达德开始接连不断地实现他的目标：1954年他乘筏漂流了整个科罗拉多河；1956年探查了长达4000多千米的全部刚果河；他在南美的荒原、婆罗洲和新几内亚与那些食人生番、割取敌人头颅作为战利品的人一起生活过；他爬上阿拉拉特峰和乞力马扎罗山；驾驶超声速两倍的喷气式战斗机飞行；写成了一本书《乘皮艇

生存三做

下尼罗河》；他结了婚，并生了5个孩子。开始担任专职人类学者之后，他又萌发了拍电影和当演说家的念头。在以后的几年里，他通过讲演和拍片，为他下一步的探险筹措了资金。

将近60岁时，戈达德依然显得年轻英俊，他不仅是一个经历过无数次探险和远征的老手，还是电影制片人、作者和演说家。戈达德已经完成了127个目标中的106个。他获得了一个探险家所能享有的荣誉，其中包括成为英国皇家地理协会会员和纽约探险家俱乐部的成员。沿途，他还受到过许多人士的亲切会见。他说："……我非常想做出一番事业来。我对一切都极有兴趣：旅行，医学，音乐，文学……我都想干，还想去鼓励别人。我制定了那张奋斗的蓝图，心中有了目标，我就会感到时刻都有事做。我也知道，周围的人往往墨守成规，他们从不冒险，从不敢在任何一个方面向自己挑战。我决心不走这条老路。"

戈达德在实现自己目标的征途中，有过18次死里逃生的经历。"这些经历教我学会了百倍地珍惜生活，凡是我能做的，我都想尝试。"他说："人们往往活了一辈子，却从未表现出巨大的勇气、力量和耐力。但是，我发现，当你想到自己反正要完了的时候，你会突然产生惊人的力量和控制力，而过去你做梦也没想到过，自己体内竟蕴藏着这样巨大的能力。当你这样经历过之后，你会觉得自己的灵魂都升华到另一个境界之中了。"

"'一生的志愿'是我在年纪很轻的时候立下的，它反映了一个少年人的志趣，其中当然有些事情我不再想做了，像攀登珠穆朗玛峰或当'人猿泰山'那样的影星。制定奋斗目标往往是这样，有些事可能力不从心，不能完成，但这并不意味着必须放弃全部的追求。""检查一下你的生活并向自己提出这样一个问题是很有好处的：'假如我只能再活一年，那我准备做些什么？'我们都有想要实现的愿望，那就别延宕，从现在就开始做起！"

天上不会掉馅饼，等待无法把理想化为现实，如果你有某种强烈的愿望，那么就要积极迈出实现它的第一步，这样你的梦想才不会是空想。

做事要敢于面对挫折

已过世的克雷吉夫人说："美国人成大事者的秘诀，就在于直面人生中的困难。他们在事业上竭尽全力，毫不顾及失败，即使失败也会卷土重来，并立下比以前更坚忍的决心，努力奋斗直至成大事。"

有些人遭到了一次困难、遇到了一些挫折，便把它看成拿破仑的滑铁卢之战，从此失去了勇气，一蹶不振。可是，在刚强坚毅者的眼里，却没有所谓的滑铁卢。那些一心要得胜、立意要成大事者的人即使失败，也不以一时失败作为最后的结局，还会继续奋斗，在每次遭到失败后再重新站起，比以前更有决心地向前努力，不达目的决不罢休。

有这样一种人，他们不论做什么都全力以赴，总有明确而必须达到的目标，在每次失败时，他们便笑容可掬地站起来，然后下更大的决心向前迈进。这种人从不知道屈服，从不知道什么是"最后的失败"，在他们的词汇里面，也找不到"不能"和"不可能"几个字，任何困难、阻碍都不足以使他们跌倒，任何灾祸、不幸都不足以使他们灰心。

坚忍勇敢，是伟大人物的特征。没有坚忍勇敢品质的人，不敢抓住机会，不敢冒险，他们一遇困难，便会自动退缩，一获小小成就，就感到满足，这样的人成就不了大的事业。

生存三做

历史上许多伟大的成大事者,都是由坚忍铸造成的。发明家在埋头研究的时候,是何等的艰苦,又是何等的愉快!世界上一切伟大事业,都在坚忍勇敢者的掌握之中,当别人开始放弃时,他们却仍然坚定地去做。真正有着坚强毅力的人,做事总是埋头苦干,直到成功。

要考察一个人做事成功与否,要看他有无恒心,能否善始善终。持之以恒是人人应有的美德,也是完成工作的要素。一些人和别人合作时,起先是共同努力,可是到了中途便感到困难,于是多数人就停止合作,只有那少数人,还在勉强维持。可是这少数人如果没有坚强的毅力,工作中再遇到阻力与障碍,势必也随着那放弃的大多数,同归于失败。

每一次成功都来之不易,每一项成就都要付出艰辛。对于志在成大事者的人而言,不论面对怎样的困难、多大的打击,他都不会放弃最后的努力,因为胜利往往产生于再坚持一下的努力之中。

即使你遇到再多的挫折,也不要在它的面前浑身发抖。道理很简单,只有经过挫折的打击,才能更加成熟起来,更加有利于不败人生!有人说世界上没有一条道路是平坦通畅的,挫折和坎坷总是会在该在的地方等着你。不论学习、工作,还是与别人的交往中都会遇到各种各样的挫折,面对接连不断的打击,有的人不禁慨叹:"为什么受伤的总是我?"

在生活中,人们有许多需要,其中交往的需要是人人都有的,因此,当一个人在交往过程中受到自身或外界各种条件的限制,出现各种各样的障碍、困难,这时交往挫折就产生了,挫折对人们的生活和工作往往有重大影响,轻则使人苦恼、懊丧、压抑、紧张,重则使人发生心理反常,甚至可能导致身心疾病。在这种消极心理状态下,有的人会攻击、反抗以至于引起破坏性行为,有的人会消极、悲观、丧失生活的信心,当然也有的人会化消极为积极，从挫折中吸取教训，变被动为主动，反挫折变为激励自己前进的动力。

在人际交往中，我们该怎样正确对待挫折？

（1）对自己应有正确的评价

挫折往往发生在对自己缺乏正确评价，对困难缺乏足够估计，对生活缺乏全面认识的人身上。如遇到挫折时，不要垂头丧气，或是怨天尤人，首先就要冷静地分析受挫的原因。如果真的是自己不善的言谈，得罪了别人，自己要勇于向别人承认错误，谨慎行事，严格要求自己；如果是他人的原因，我想也不必过分自责，不必放在心上，因为"群众的眼睛是雪亮的"，"谣言不攻自破"，别人会给你正确评价的。

（2）保持乐观的情绪，是减少挫折心理压力的好方法

人们在遇到挫折时，情绪变化是特别明显的。性格外向、心胸博大的人，面对挫折造成的苦闷就可能得到及时疏泄。那么性格内向、不善言谈的人，保持乐观的情绪状态，就需要一定方法的调节，如听一听音乐，做一些自己感兴趣的事转移自己的注意力。看一些化消极为积极的名人典故，激励和鼓舞自己不能因小小的困难就停止了自己前进的脚步。我们可以通过各种方法与困难做斗争。万万不可困难当前，不攻自破，让困难左右了我们。

（3）学会幽默，自我解嘲

一个人有了缺点，而又不能接受，常会感到挫折。倘若你学会幽默，能接受自己的缺点进行自我解嘲，便能消除挫折感，更能融洽人际关系。

（4）要沉着冷静，以其人之道，还治其人之身

众所周知的《晏子春秋》中的晏子出使楚国的故事，面对楚国人对

晏子的个子矮小的嘲弄，晏子沉着冷静，不慌不怒，机智地进行反击；面对楚国的攻击，晏子措辞巧妙，给对方以有力回击，转被动为主动。

（5）移花接木，灵活机动

在对自己有个正确评价的基础上，确定目标，倘若你原来的目标无法实现，千万不要勉强为之，可由接近的目标来代替，以免产生挫折感。例如，由于身体原因不能做舞蹈家，那么就不要在这方面耗费时间和精力，可以发挥自己有经验和专业知识的特长，做编导，这样的效果不比原来追求的效果差。

（6）再接再厉，锲而不舍

当你遇到挫折时，勇往直前，你的目标不变，方法不变，而努力的程度加倍，你就会是交往的最大收获者。有一位叫佳佳的女孩，她上学的时候，一直对小芳很好，俩人是知己。刚开始接触时，小芳不愿接受佳佳的友好，总是不理不睬，但佳佳一直对她依旧，终于真情感动了小芳，两人成了人人羡慕的知己朋友。这件事中，佳佳受到挫折后没有放弃而是继续努力，终于获得了人间最真诚的友谊。

做事不要忽视热情魅力

我们每个人都不得不承认：热情的力量是巨大的，它几乎可以改变整个世界。

热情，是所有伟大成就过程中最具有活力的因素。它融入了每一项发明、每一幅书画、每一尊雕塑、每一首伟大的诗、每一部让世人惊叹的小说或文章当中。

热情是一种精神，具有一种无法摧毁的巨大力量。每个人的内心都有热情，能感受强烈的情绪，可是没有几个人能依此情感行动，他们习

下篇 做"好"：找到最好的做事途径才能有所收获

惯于将热情深深埋藏起来，这是多么大的浪费呀。

卡耐基把热情称为"内心的神"。他说："一个人成功的因素很多，而属于这些因素之首的就是热情。没有它，不论你有什么能力，都发挥不出来。"可以说，没有满腔热情，员工的工作就很难维持和继续深入下去。比尔·盖茨在被问及他心目中的最佳员工是什么样子时，他强调了这样一条：一个优秀的员工应该对自己的工作满怀热情，当他对客户介绍本公司的产品时，应该有一种传教士传道般的狂热！

满怀热情，能让你的做事效率与别人大不一样。

著名人寿保险推销员、美国百万圆桌的会员之一的法兰克·派特，正是凭借着热情，创造了一个又一个奇迹。

派特，原本是职业棒球选手。当初他刚转入职业棒球界不久，就遭到了有生以来最大的打击，因为他被开除了。球队的经理对派特这样说："你这样慢吞吞的，哪像是在球场混了20年。法兰克，离开这里之后，无论你到哪里做任何事，若不提起精神来，你将永远不会有出路。"

派特离开了棒球队，但是经理的话对他产生了巨大的影响，他的一生从此转变。接着，派特去了新凡的棒球队，他告诉自己：我要成为英格兰最具热情的球员。

在新凡，他一上场，就好像全身带电一样。强力地击出高球，使接球的人双手都麻木了。即使是气温高达华氏100度的时候，随时都可能中暑昏倒，他也依然在球场上奔来跑去。

这种热情所带来的结果让他吃惊，因为热情，他的球技出乎意料地发挥得很好。同时，由于他的热情，其他的队员也跟着热情起来，大家合力打出了那个赛季最好的比赛。

生存三做

　　后来由于手臂受伤，派特不得不放弃打棒球。他改了行，到了菲特列人寿保险公司当保险推销员，他把自己的热情持续下去，很快他就成了人寿保险界的大红人。后来更被美国百万圆桌协会邀请加入成为会员。只要你有热情，再比别人多一点热情，你就能比别人收获更多。派特说："我从事推销30年了，见到过许多人，由于对工作抱持的热情的态度，他们的收效成倍地增加，我也见过另一些人，由于缺乏热情而走投无路。我深信热情的态度是做事成功的最重要因素。"

　　热情，就是一个人保持高度的自觉，就是把全身的每一个细胞都调动起来，完成他内心渴望完成的工作；热情就是一个人以执着必胜的信念、真挚深厚的情感投入到他所从事的实践中。热情是事业成功不可或缺的条件。与其说成功取决于个人的才能，不如说成功取决于个人的热情。思想家、艺术家、发明家、诗人、作家、英雄、人类文明的开拓者、大企业的缔造者——无论他们来自什么种族、什么地域，无论在什么年代——这些带领着人类从野蛮走向文明的人们，无不是充满热情的人。

　　热情是一种旺盛的激劲情绪，一种对人、事、物和信仰的强烈情感。热情的发泄可以产生善恶两种截然不同的力量。历史上有很多依靠个人热情改变现实的事迹。小到一个爱情故事，大到一场历史巨变——不论是政治、军事、经济、文化还是艺术，都因为有热情的个人参与才得以进行。又有多少次，那些最初觉得自己不可能把握自己，施展力量的人，最后却都能扭转乾坤。

　　没有热情，军队就不可能打胜仗，荒野就不可能变成田园，雕塑就不会栩栩如生，音乐就不会扣人心弦，诗歌就不会脍炙人口，人类就不会主宰自然，给人们留下深刻印象的雄伟建筑就不会拔地而起，这个世

下篇 做"好":找到最好的做事途径才能有所收获

界上也就不会有慷慨无私的爱。

爱默生说过:有史以来没有任何一件伟大的事业不是因为热情而成功的,最好的劳动成果总是由头脑聪明并具有工作热情的人完成的。

热情指引着一个职场中人去行动、去奋斗、去成功。如果你失去了热情,那么你就难以在职场中立足或成长。热情是激发潜能、战胜所有困难的强大力量,它使你保持清醒,使全身所有的神经都处于兴奋状态,去进行你内心渴望的事;它不能容忍任何有碍于实现既定目标的干扰。

凭借热情,我们可以把枯燥乏味的工作变得生动有趣,使自己充满活力,培养自己对事业的狂热追求,我们更可以获得老板的提拔和重用,赢得珍贵的成长和发展机会。

纽约中央铁路公司前总经理佛瑞德瑞克·魏廉生说过这样的一句话:"我越老越更加确定热情是成功的秘诀。成功的人和失败的人在技术、能力和智慧上的差别通常并不很大,但是如果两个人各方面都差不多,具有热情的人将更能如愿以偿。一个人能力不足,但是具有热情,通常必会胜过能力高强但是欠缺热情的人。"

热情不仅是生命的活力,而且是工作的灵魂,甚至就是工作本身,大自然的奥秘就是要由那些把生命奉献给工作的人,那些热情洋溢地生活的人揭开。各种新兴的事物,等待着那些热情而且有坚强意志的人去开发。各行各业,人类活动的每一个领域,都在呼唤着满腔热情的工作者,热情就是一种激情、一种执着,热情是所有取得伟大成就的人奋斗过程中最具活力的因素,它的本质就是一种积极向上的力量。

诚实、能干、忠诚、淳朴——所有这些特征,对准备在事业上有所作为的人来说,都是必不可少的,但是,更不可缺少的是热情——将奋

生存三做

斗、拼搏看成是人生的快乐和荣耀。

　　成功与其说取决于人的才能，不如说取决于人的热情。热情，使我们的生命更有力；热情，使我们的意志更坚强，不要畏惧热情，如果有人愿意以半怜悯半轻视的语调把你称为狂热分子，那么就让他们说吧。源源不断的热情，使你永葆青春，让你的心中永远充满阳光。让我们牢记这样的话："用你的所有，换取你工作上的满腔热情。"

第六章

快乐做人，勤恳做事

工作是快乐的来源，成功是快乐的肯定。我们不必好高骛远，希望自己哪天能有大成就，但应该希望自己天天都有小成绩。任何小成绩都能增加自己的信心而成为快乐的来源。最能使一个人觉得快乐的是对自己的肯定，最令人悲哀的是对自己的否定。肯定来自足够的努力、相当的成绩和别人的认可。因此，要想使自己快乐，必须勤恳耕耘。

做人做事要有好心态

心态决定成败，做事要有积极的心态

我们必须面对这样一个奇怪的现实：成功的人永远是少数，但失败和庸碌无为的人却很多，而且，成功者越活越充实、潇洒，而失败者却

生存三做

过着空虚、艰难的生活。你想到过没有，能否唤起心中的激情，拥有积极的心态，很大程度上决定了你的成功与否。

几米是个多愁善感的小伙子，花落草枯都可能引起他的无限感触。如果仅仅是情感世界的丰富也就罢了，可他常常一言不发地凝神静思，有时还会莫名其妙地唉声叹气。

在长吁短叹中，日子飞快地流逝了。直到有一天，过了而立之年的几米偶然碰到一位心理学博士，当博士听他诉说了自己的苦恼后，一语道破了其中的原因：

"你之所以感觉自己从未快乐过，关键在于你总是沉湎于过去的美好回忆中而不能自拔，总把眼前发生的一切看得比事实更糟，总把未来的前景描绘得过分美好，而到时候却又无法达到。如此渐渐地形成了恶性循环，自然就钻入'庸人自扰'的怪圈了。"

心理学博士还说："你的性格弱点就在于好高骛远，总是向世界提出不切实际的要求，可是你并不清楚那是无法达到的。你想短期之内就解决人生的全部问题，自然就对昨天、今天和明天产生这样或那样的困惑和烦恼了。"

要成功必先懂得做事的成功与失败的主要原因在于人的心态。

罗斯陪伴丈夫驻扎在一个满是沙漠的陆军基地里。丈夫奉命到沙漠里去学习，她一个人留在陆军驻地的小铁皮房子里，天气热得受不了——在仙人掌的阴影下也有43℃。她没有人可谈天——身边只有墨西哥人和印第安人，而他们不会说英语。她非常难过，于是就写信给父母，说要丢开一切回家去。她父亲的回信只有两行，这两行字却永远留在她内心，完全改变了她的生活：

下篇 做"好"：找到最好的做事途径才能有所收获

两个人从牢中的铁窗望出去，一个看到泥土，一个却看到了星星。

罗斯从此改变自己并试着一再读这封信，觉得非常惭愧。她决定要在沙漠中找到星星。

开始和当地人交朋友，他们的反应使她非常惊奇，她对他们的纺织、陶器表示兴趣，他们就把最喜欢但舍不得卖给观光客人的纺织品和陶器送给了她。罗斯研究那些引人入迷的仙人掌和各种沙漠植物、动物，又学习有关土拨鼠的知识。她观看沙漠日落，还寻找海螺壳，这些海螺壳是几万年前——这里还是海洋时留下来的，原来难以忍受的环境变成了令人兴奋、流连忘返的奇景。

是什么使这位女士内心发生了这么大的转变呢？

沙漠没有改变，印第安人也没有改变，但是这位女士的念头改变了，心态改变了。一念之差，使她把原先认为恶劣的情况变为一生中最有意义的冒险。她为发现新世界而兴奋不已，并为此写了一本书，以《快乐的城堡》为书名出版了。她终于从自己造的牢房里看出去，看到了星星。

心态决定命运，不管面临怎样的困境，都不要抱怨命运，因为抱怨不但会把事情搞得越来越糟，而且也会把解决问题的机会错过。

有一家大公司要裁员，名单中有内勤部办公室的特丽莎和艾琳达，按规定一个月之后她们必须离岗，当时她俩的眼圈都红红的。

第二天上班，特丽莎的情绪仍很激动，跟谁都没有什么好气，仿佛吃了枪药，她不敢找老总去发泄，就跟主任诉冤，找同事哭诉："凭什么把我裁掉？我干得好好的。这对我来说太不公平了！"她声泪俱下的样子，既让人同情，又让人不知该怎样劝慰她。而她也只顾到处诉苦了，以至于她的分内工作订盒饭、传送文件、收发信件等，都不再过问了。

生存三做

特丽莎原本是个很讨人喜欢的人，但现在她整天神经兮兮的抱怨不休，许多人都开始有些怕和她接触，都躲着她，到后来就有点厌烦她了。

艾琳达就与她不同，在裁员名单公布后，虽然哭了一晚上，但第二天一上班，她就和以往一样地忙开了。由于大伙不好意思再吩咐她做什么，所以她便主动向大家揽活儿。面对大家同情和惋惜的目光，她总是笑笑说："是福跑不了，是祸躲不过，反正这样了，不如干好最后一个月，以后想干恐怕都没机会了。"她仍然每天非常勤快地打字复印，随叫随到，坚守在自己的工作岗位上。

一个月后，特丽莎如期下岗，而艾琳达却被从裁员名单中删除，留了下来。主任当众传达了老总的话："艾琳达的岗位，谁也无可替代，像艾琳达这样的员工，公司永远不会嫌多！"

下面再让我们看一个例子：美国心理学家纳撒尼尔·布兰登讲述过他的一次亲身经历：许多年前，一位叫洛蕾丝的24岁的年轻妇女无意中读了他的一本书，找他来进行心理治疗。洛蕾丝有一副天使般的面孔，可骂起街来却粗俗不堪，她曾吸毒、卖淫。

布兰登说，她做的一切都使我讨厌，可我又喜欢她，不仅因为她的外表相当漂亮，而且因为我确信在堕落的表面下她是个出色的人。起初，我用催眠术使她回忆她在初中是个什么样的女孩子。她当时很聪明，但是不敢表现自己，怕引起同学的嫉妒。她在体育上比男孩强，招惹来一些人的讽刺挖苦，连她哥哥也怨恨她。我让她做真空练习，她哭泣着写了这样一段话：你信任我，你没有把我看成坏人！你使我感到痛苦，也看到了希望！你把我带到了真实的生活，我恨你！

一年半后，洛蕾丝考取洛杉矶大学学习写作，几年后成为一名记者，并结了婚。10年后的一天,我和她在大街上邂逅,我几乎认不出她了:衣着华丽,神态自若,生气勃勃,丝毫找不出过去受过创伤的影子。寒暄后,她说:"你是没有把我当成坏人看待的那个人,你把我看作一个特殊的人,也使我看到了这一点。那时我非常恨你!承认我是谁,我到底是什么人,这是我一生中从未遇到的事。人们常说承认自己的缺点是多么不容易的事,其实承认自己的美德更是不容易。"

洛蕾丝又重新找回了一个新的自我,最终成为对社会有所贡献的人。

为什么真正做到放弃完美、正视自己的缺点不容易?因为自我肯定这个事实,使你必须真正保持清醒的头脑。振作情绪,抓住机遇,迎接生活的挑战,这就是自觉的生活,积极的心态。

下面我们再看一个在推销员中广泛流传着的故事。

一位总经理叫来两位业务员,叫他们去非洲国家考察,以准备在那些国家拓展鞋市场。两个人到了一个非洲小国,看到的情景是一样的,这里的居民都光着脚,他们从来不穿鞋子!这两位推销员结束工作,回到本国向总经理汇报工作。第一位推销员的调查报告里只有两行字:"该国居民没有穿鞋习惯,在此拓展鞋市场毫无希望。"第二位推销员却写了十几页拓展计划书。他认为:该国居民没有穿鞋,在该国拓展鞋市场将不会遇到任何竞争对手,这里的市场空间极其广阔!可想而知,总经理对后者的报告非常满意,对其委以重任,使他在非洲市场上大展才华,成为公司的骨干。

这就是一念之差导致的天壤之别。同样是非洲市场,同样面对着赤脚的非洲人,由于一念之差,一个人灰心失望,不战而败;而另一个人

生存三做

满怀信心，大获全胜。

拿破仑·希尔是美国杰出的成功学家，他创造性地构建了全新的成功学体系，他的著作被译成 26 种文字流传于世，他的读者遍及世界五大洲的 50 多个国家，他的理论使无数人受益。其中，有在美国连任四届总统的罗斯福、被称为"印度救星"的圣雄甘地、控制了美国四分之一经济命脉的银行巨子摩根、闻名全球的金融大亨贾尼尼，他们都是拿破仑·希尔成功理论的受益者和支持者。

拿破仑·希尔说，一个人能否成功，关键在于他的心态。成功人士与失败人士的差别在于成功人士有积极的心态，而失败人士则习惯于用消极心态去面对人生。由此看来，凡事保持积极心态，用积极心态看事情，成就出色的一生并非什么难事。

不同的心态成就不同的人生

有些人想做大事，却胸无大志，得过且过。这样的人肯定会因自身的局限而无法超越自我，难有大的突破和进展。而一个有理想、有计划、克服消极心态的人，一定会不辞任何劳苦，聚精会神地向前迈进，他们从来不会想到"将就过"这些话。他们的人生也将因为他们不同的心态而完全不同。

那些克服消极心态而成就的大事，绝非那些仅仅"填饱肚子"以及做事"得过且过"的人所能完成的。只有那些意志坚定、不辞辛苦、充满热情的人才能完成这些事业。

我们随时都可以碰到这样的人：他们工作缺乏主动性，似乎专门在等待人家强迫自己工作。他们对于自己所拥有的学识与能力，毫无所

下篇 做"好"：找到最好的做事途径才能有所收获

知。他们一点也没算计过自己身体里究竟藏着多少才智与力量，遇到任何事，只知拿出一小部分力量来敷衍，他们似乎情愿永远守在空谷，不肯攀登山巅；他们不愿张开眼睛，把广大而宏伟的宇宙看个清楚。

一个有志成就一番事业的人，为了自己的前途，无论如何都要抵制不良的诱惑，绝对要远离吃喝嫖赌等行为。否则，只要稍动邪念，他就可以一下毁掉自己的信用、品格和成功。如果去仔细分析一个人失败的原因，就可知道多半是因为那人有着种种不良的习惯。

查尔斯·克拉克先生这样认为：

"很多人能获得成功靠的就是获得他人的信任。但到今天仍然有许多人对于获得他人的信任一事漫不经心、不以为然，不肯在这一方面花些心血和精力。这种人肯定不会长久地发达，可能用不了多久就要失败。我可以十分有把握地拿一句话去奉劝想在事业上有所作为的人们：你应该随时随地地去加强你的信用。一个人要想加强自己的信用，并非心里想着就能实现，他一定要有坚强的决心，以努力奋斗去实现。只有实际的行动才能实现他的志愿，也只有实际的行功才能使他有所成就。也就是说，要获得人们的信用，除了一个人人格方面的基础外，还需要实际的行动。任何一个人绝不会无缘无故得到别人的信用。他必须发挥出所有力量来，在财力上建立坚固的基础，在事业上获得发展、有所成就。然后，他那优良的品行、美好的人格总会被人所发现，总会使人对他产生完全的信任，他也必定能走上成功之路。社会交往中，人们最注意的不是那个成功者的生意是否兴隆，进账是否多；他们最注意的往往就是那个人是否还在不断进步，他的品格是否端正，他的习惯是否良好，以及他创业成功的历史、他的奋斗过程。"

生存三做

  一个人一旦失信于人一次，别人下次再也不愿意和他交往或发生贸易往来了。别人宁愿去找信用可靠的人，也不愿再找他，因为他的不守信用可能会生出许多麻烦来。

  在平时的人际交往过程中，人的第一印象往往是最重要的。所以，我们一定要注意自己的第一印象。如果一个人能做到与人初次见面就达到一见如故的程度，那可实在不是一件容易的事。

  成功希望最大的人倒不是那些才华横溢的人，而是那些最能以亲切和蔼的态度给人以好感的人。

  通常，教师认为最有前途的学生往往就是那些最能博得他欢心的孩子；老板认为最称心满意的店员，也就是那些最能投合自己心理的人。

  人类仿佛有一种共同的心理，那就是如果有人能使我们感到高兴喜悦，即使事情与我们的心愿稍有相悖，也不太要紧。

  我们生活中的许多例子都可以证明，能博得人的欢心，获得人的信任，是为人处世必不可少的。要想博得人们的欢心、获得人们的信任，首先一条就是要有一种令人愉悦的态度，脸上要时时带着笑容，行动要轻松活泼。无论你内心中是否对别人有好意，但如果人们从你的脸上看不到一点快乐，那么谁也不会对你产生好感。

  任何事业要成功都需要持之以恒，同样，要获得别人的信任也是如此。良好的态度要一以贯之，千万不要今天扮了一天笑脸，明天难以自制而故态复萌，显出粗俗急躁的本性。

  一个志向高远、决心坚定的人，做任何事情都会有始有终，而不会半途而废，否则，绝难获得人们的信任。

下篇 做"好"：找到最好的做事途径才能有所收获

踏踏实实做个平凡人

踏实稳重方能成就大事

踏踏实实，一步一个脚印去做，方能成功，这个道理似乎人人都明白，但是就有这样一些人，他们做起事来总是敷衍了事，总想去走捷径，或者抱着一种投机取巧碰运气的心理。

这种人别说做什么大事，就连小事都不可能做好。如果一个人想要成就一番事业，活出自己精彩的人生就一定要踏踏实实去做事，要稳扎稳打，这样才能达成自己的心愿。

11岁那年，李嘉诚来到香港。到了14岁，由于父亲去世，他辍学打工。再后来，舅父让他到他的钟表公司上班，但是他没有答应，因为他要自己找工作。

从他年纪轻轻就不肯接受帮助而要自己闯这点上，就表现出独立和自信的性格。这种性格，也培养出了他以后的稳健踏实的工作作风、不浮躁的工作态度。

他先是想到银行寻找机会，因为银行是同钱打交道，它也不可能倒闭。但是银行的梦想没有成功，他当了一名茶馆里的堂倌。

在当堂倌的时候，他就胸怀大志，踏踏实实地、一步步地迈向目标。他给自己安排课程，以自觉养成察言观色、见机行事的习惯。这些课程包括：时时处处揣测茶客的籍贯、年龄、职业、财富、性格，然后找机会验证；揣摩顾客的消费心理，既真诚待人又投其所好，让顾客既高兴

生存三做

又付钱。

后来他又以收书的方式读了很多书，并把看过的书再卖掉。

就是这样，李嘉诚既掌握了知识，又没有浪费钱。

一段时间后，他觉得在茶馆里没有前途，就进了舅父的钟表公司当学徒。他偷师学艺，很快学到了钟表的装配及修理的有关技术。其后，他建议开钟表公司的舅父迅速占领中低档钟表市场。结果大获成功，因为香港对低档表的需求确实很大。

1946年，他17岁时开始自己的创业道路。结果他屡遭失败，几次陷入困境。但这个时候，他仍然不浮躁，而是踏踏实实地一步一步往前走。

1950年夏，经过稳健、周密的思考和观察，他抓住了当时的香港塑胶花是一片空白的机遇，创立了长江塑胶厂。

可以说，他有审时度势的判断力。而这审时度势的判断力，亦来自他的稳健。

作为一个踏实稳健的人，李嘉诚是很会判断机遇、抓住机遇的。

在工厂经营到第7个年头的时候，李嘉诚开始放眼全球。

他开始留意塑胶世界的动态信息。他从英文版《塑胶杂志》上得知意大利一家公司已利用塑胶原料制成了塑胶花，并即将投入生产，他于是推想，欧美的家庭，都喜好在室内外装饰花卉，但是快节奏使人们无暇种植娇贵的植物花卉。塑料插花可以弥补这一不足。他由此判断，塑胶花的市场将是很大的。因此，必须抢先占领这个市场，不然就会失去这个机遇。

于是李嘉诚以最快速度办妥赴意大利的旅游签证，前去考察塑料花的生产技术和销售前景。

正是由于他的这种稳健的工作作风，一条辉煌的道路，由此展开。

正当李嘉诚全力拓展欧美市场的时候，一个重大的机会出现了。一位欧洲的大批发商在看到了李嘉诚公司的产品样品后，前来与李嘉诚联系。这位批发商是因为李嘉诚公司的产品价格低于欧洲产品的价格而来找他的。但他通过一些渠道得知长江公司是资金私有制。为保险起见，他表示愿意同李嘉诚合作，但合作条件是他必须有实力雄厚的公司或个人进行担保。李嘉诚知道这位批发商的销售网遍及欧洲主要的市场——西欧和北欧，如果能与他取得联系，是十分有利的。可惜，他竭尽全力都没有找到担保人。但只要有一线希望，就要全力争取，这是他成功的一个法宝。他与设计师一道通宵连夜赶出 9 款样品。批发商只准备订一种，李嘉诚则每种设计了 3 款。第二日他来到批发商下榻的酒店。批发商望着他因通宵未眠而熬红的眼睛，欣赏地笑了，答应了谈生意。在李嘉诚没有担保的情况下，签了第一份购销合同。按协议批发商提前交付货款，从而解决了长江公司扩大再生产的资金不足问题。

长江公司很快占领大量的欧美市场。仅 1958 年一年，长江公司的营业额就达 10130 多万港元，纯利 100 多万港元。塑胶花使长江实业迅速崛起，李嘉诚也成为世界"塑胶大王"。

而在战争中，踏实稳健的作风对一个指挥者来说也同样重要。

第四次中东战争初期，以色列：王牌装甲旅毁于一旦。

1973 年 10 月 6 日，埃及趁着以色列"赎罪节"的时候，发动了突然攻击。一方精心策划，长期准备，另一方则放松懈怠，毫无警觉，结果可想而知。以色列军队连连受挫，盛怒之下，决心孤注一掷，把以色列的"王牌旅"190装甲旅投入战斗。

作为屡战屡胜的"王牌旅"旅长,阿萨夫·亚古里已经习惯了始终以胜利者自居,对于战略部署与战术研究以及军事训练等内容统统忽略了,他已经变成一个极其浮躁的家伙。

进攻命令被埃军破译了,并由埃军第二步兵师在以军前进方向上设防,伏击"王牌旅"。190装甲旅对埃军的伏击全然不知,只望能尽快赶到菲尔丹桥完成任务,为以军大规模组织反击创造良机。当以军进至以色列部队退守的第二道防御阵地前,即与埃及军队第二步兵师先头部队遭遇,190装甲旅先后从不同方向发起三次攻击,每次均出动一个坦克连的兵力,但都被埃军的猛烈火力击退,先后有35辆坦克被击中。

此时,旅长亚古里本应冷静分析战势,改变战术,然而他见三次攻击都受挫,急火攻心,暴跳如雷。作为以色列军中的"王牌旅"竟然损兵折将,连连受挫,这面子上如何过得去?盛怒之下,竟将剩下的85辆坦克全部集结在第二道防线上,准备孤注一掷,狂妄傲慢的亚古里此刻感情冲动,对部属的意见充耳不闻,只想挽回王牌旅的面子。他大声喊道:"前进!前进!"就像一头发狂的狮子一般。结果遭到埃及各种反坦克武器的突然袭击,埃军采取集中火力齐射的打法,在同一时间、对同一坦克发射3、4枚导弹,最后剩余的85辆坦克就全部被歼灭。旅长亚古里乘坐的坦克也被击中起火,他慌忙从坦克里跳出来,当即被埃及士兵俘获。

"王牌旅"旅长亚古里兵败被俘,实在是怒火冲昏了他的头脑,急躁使他失去了判断力,犯了兵家的大忌。

一个具有踏实稳重作风的人,才能永远保持明智的判断力,才能一步一步地走向成功。因此，你应在生活中常常检讨自己，千万不要犯浮躁的错误。

诚信，是做人的根本

做人必须有诚信，否则你将无法在社会上立足。我们可能成不了伟人，但不可能不与人交往，怎样才能在人与人的交往中立于不败之地呢？这就需要用诚信去做坚实的后盾，只有你对别人讲信用，将心比心，才能赢得别人的诚实守信。人与人之间的关系才会有牢固的基石。所以，诚信与做人是密不可分的，要做一个合格的人就必须讲究诚信。

一个人如果希望自己成就一番事业，他首先要获得人家对他的信任。一个人如果学会了如何获得他人信任的方法，要比获得千万财富更为重要。

但是，真正懂得获得人信任的方法的人真是少之又少。大多数的人都无意中在自己前进的道路上设置了一些障碍，比如有的态度不好，有的缺乏机智，有的不善于待人接物，常常使一些有意和他深交的人感到失望。

很多现代工商界人士只知道名震海内外的"宁波帮"，但极少知道它的奠基者严厚信，更不知道他是我国近代第一家银行、第一个商会、第一批机械化工厂的创办者。这里，我们讲一个为什么他在当时的工商界信誉卓著、成就令人瞩目的奥秘。

严厚信原籍慈溪市，少年时，因为家里贫困，只上过几年私塾，辍学后在宁波恒业钱庄当学徒。由于他饭量大得惊人，没多少时间就被老板借故"炒了鱿鱼"。之后，他经同乡介绍在上海小东门宝成银楼当学

生存三做

徒。在此期间，他手脚勤快、头脑灵光，很快掌握了将金银熔化的技术，并掌握了打铸钗、簪、镯、戒指和项圈等各种首饰的技巧。同时，业余时间他酷爱读书，尤其酷爱书法和绘画。他常常临摹古今名家的作品，几乎可以达到乱真的程度。

后来，严厚信在生意中结识了"红顶商人"胡雪岩。一次，胡雪岩在宝成银楼定做一批首饰，严厚信亲自动手，做好后又亲自送去。胡雪岩给他一包银子，要他点一下，他说："我相信胡老爷，不用点。"但是，拿到店里数一下，发现少了2两银子，他不声不响，将自己的辛苦钱暗暗地凑在里面，交给了老板。又一次，胡雪岩要宝成银楼的首饰，严厚信送去之后，又数也不数拿了一包银子回来。可是一数吓了一跳，多出了10两银子。10两银子，当时相当于一个小伙计的几年辛苦工钱。然而，他想起家里大人的教诲，绝不能要昧心钱。

于是，次日一早，马上送还给了胡。其实，同前一次一样，这是胡雪岩试他的品行。自然，他得到了胡的好感。继而，他以自画的芦雁团扇赠给胡雪岩，深得胡的赏识，称赞他"品德高雅、厚信笃实，非市侩可比"。于是，推荐给中书李鸿章。他得到了在上海转运饷械、在天津帮办盐务等美差，逐渐积累了一些金钱。尔后，在天津开了一家物华楼金店。

任何人都应该努力培植自己良好的名誉，使人们都愿意与你深交，都愿意竭力来帮助你。

有很多银行家非常有眼光，他们对那些资本雄厚但品行不好、不值得人信任的人，决不会放贷一分钱；而对那些资本不多、但肯吃苦耐劳、非常讲诚信的人，他们则愿意慷慨相助。

银行信贷部的职员们在每一次贷出一笔款子之前，一定会对申请人的信用状况研究一番：对方生意是否稳当？能否成功？只有等到觉得对方实在很可靠，没有问题时，他们才肯贷出款子去。

像严厚信这样能成大事的人毫无疑问都是讲诚信的人。他们知道君子有所为有所不为，不然又怎能开创如此辉煌的事业呢？

诚信可以说是做人的基本品质，立业的"金字招牌"，有了它你就可以获得更多的帮助和支持，让自己在成功的路上走得更远。

用勤恳的态度和举一反三的灵活方式做事

做事要懂得合作的重要性

由于竞争成为日常生活各个领域中一种无处不在的现象，团结互助就显得尤为重要。在竞争激烈的社会中生存就更需要合作精神。事实上，纵观古今中外，凡是在事业上成功的人士都是善于合作的人。

李嘉诚的名字在海内外已经家喻户晓、妇孺皆知。分析他成功的一生，助他走向辉煌的因素有很多，其中一个主要的原因就是他善于合作，善于和各类竞争高手团结协作。在他的麾下，聚集着这样一群人：

霍建宁，毕业于香港大学，后去美国留学，1979年学成归来被李嘉诚收归长江实业集团，出任会计主任。1985年被委任为长江实业董事。

他有着非凡的金融头脑和杰出的数字处理能力。

周千和，20世纪50年代初期就追随李嘉诚，是与李嘉诚先生南征北战多年的创业者，他勤劳肯干，真诚待人，为人处事严谨精明。

周年茂，周千和的儿子，曾在英国攻读法律，对各项法律条文了如指掌，是经营房地产的能手，属书生型人才，被李嘉诚指定为长江实业发言人。

洪小莲，20世纪60年代末期起就是李嘉诚的秘书，跟随李嘉诚20余年，为李嘉诚立下了汗马功劳。她精明强干、雷厉风行，颇有"女强人"之风。

上述四员大将均属创业奇才，李嘉诚把他们拢在自己帐下，从而使自己成为一个真正拥有人才的大老板。因为他深深明白，成功离不开团结协作。今日这种经济竞争，说到底更是一种人才的竞争。如果拥有了各种人才，并诱导他们贡献自身的能力和聪明才智，就能在竞争中取胜。

李嘉诚还采取"古为今用，洋为中用"的方针，把团结协作运用得淋漓尽致。为了避免东方式的家庭化的企业管理模式，他在20世纪60年代就开始大胆起用洋人。Ewin Leissne是他高薪聘请的第一位洋人，请来之后，立刻遭到大家的反对。但是，李嘉诚却不为所动，而是任用Ewin Leissne做了总经理，负责日常行政事务。接着，他又聘请了一位美国人Poul Lvons做经理，由他配合原来的基层管理人员实行企业的国际化管理。20世纪80年代，他又大胆起用了英国人马世民。马世民聪明好学，积累了大量融合东西方企业管理精华的管理经验，是个难得的人才。当时，虽然马世民还名不见经传，但李嘉诚却提升他做了和记黄埔董事兼总经理。

下篇 做"好"：找到最好的做事途径才能有所收获

由李嘉诚一手构建的这个拥有一流专业水准和超前意识、组织严密的"内阁"，在激烈的经济竞争中发挥了巨大的作用。可以说，李嘉诚财团之所以能够成为跨国财团，和他周围那些能干的中国人、外国人是分不开的。尤其是李嘉诚大胆起用的那些外国人，在帮助他冲出亚洲、走向世界方面既充当了"大使"，又充当了冲锋陷阵的"士卒"。正如一家评论杂志所称道的"李嘉诚这个'内阁'，既结合了老、中、青的优点，又兼备了中西方色彩，是一个行之有效的合作模式。"

如今，李氏王国的业务包括房地产、通信、能源、货柜码头、零售、财务投资及电力等，十分广泛。试想，如果李嘉诚先生不与他人合作，仅靠一个人的力量，纵使他有三头六臂，也不能创造如此宏大的事业。因此，李嘉诚的成功更确切地说应该是团结协作的成功。

我们的祖先早就认识到了合作的重大作用。古代思想家荀子曾说过一句名言："每一个凡人，其实都可以成为伟大的禹。"凡人成为伟大的禹的条件是什么呢？就是团结协作。汉高祖刘邦在平定天下以后，设宴款待群臣。席间，他对群臣说："运筹帷幄，决胜千里之外，朕不如张良。治国、爱民和用兵，萧何都有万全的计策，朕也不及萧何。统帅百万大军，百战百胜，是韩信的专长，朕也甘拜下风。但是，朕懂得与这三位天下人杰合作，所以朕能得到天下。反观项羽，连唯一的贤臣范增都团结不了，这才是他失败的原因。"

没有人不需要任何帮助就能成功的，毕竟个人的力量有限。善于与人合作的人，能够弥补自己能力的不足，达到自己原本达不到的目的。

《圣经》中有这样一则故事：

在古代巴比伦，一群肤色不同的人正建通天塔。他们当中有黑种人、

生存三做

黄种人、白种人，由于大家使用的是一种语言，彼此间易于交流与沟通，因此，命令传达得既准确又迅速，各泥瓦匠间配合默契，一座宏伟的通天塔建设得相当快。

这一切，上帝都看在眼里，心想：若是让人类如此继续协调地工作，世界上还有什么事情办不成呢？于是，上帝便施法力，让不同肤色的人使用不同的语言。由于语言不通，工作指令无法迅速准确地传达，塔上的人需要泥土，塔下的人却往上送水，工地一片混乱，通天塔的建设陷入了瘫痪状态。

建设通天塔需要泥瓦匠们彼此间的交流与合作，那么一个单位内的工作，同样需要领导者与下属、员工与员工之间的通力合作。合作的基础便是彼此间的协调，从而达到意见的统一。很多单位之所以缺乏效率，执行能力差，原因就在于成员之间交流不畅，不能很好地合作。

清末"红顶商人"胡雪岩，自己不甚读书识字，但他从生活经验中总结出了一套生活哲学，归纳起来就是："花花轿子人抬人。"他善于观察人的心理，同士、农、工、商等阶层的人协同作业。由于他长袖善舞，善于团结别人，所以人们对他非常信任。他与漕帮协作，及时完成了粮食上交的任务；与王有龄合作，王有龄有了钱在官场上混，胡雪岩也有了机会在商场上发达。如此种种的互惠合作，使胡雪岩这样一个小学徒工变成了一个名震江南的巨商。

自己的力量有限，这不单是胡雪岩的问题，也是我们每一个人的问题。但是只要有心与人合作，善假于物，那就要取人之长，补己之短。而且能互惠互利，让合作的双方都能从中受益。

马克思在写巨著《资本论》的时候，家庭生活陷入极度穷困的境地。

为了让马克思不中断写作,好友恩格斯放弃了自己的理论研究,去从事他厌恶的"该死的生意经",用这笔收入资助马克思完成著述。

《资本论》第一卷问世后,马克思在给恩格斯的信中动情地写道:"这件事之成为可能,我只有归功于你!没有你的牺牲精神,我绝对不能完成我那三卷的巨著。"

五四时期,作家沈从文开始创作生涯时一文不名,穷困潦倒。在一个寒冷的冬天,就在他伏案写作的时候,著名文学家郁达夫来了。他不认识沈从文,只是读过沈从文的文章慕名而来。他见这个年轻人穿着单薄,一副穷困潦倒的样子,便马上解下自己的围巾围在沈从文的脖子上,又邀他一同去饭馆吃饭。

告别时,郁达夫嘱咐沈从文:"要好好地写下去,我还会再来看你的。"

郁达夫走后,沈从文感动得哭了起来。后来,他俩成为至交,沈从文也成为蜚声海内外的有影响的作家。

1788年,德国诗人歌德与席勒相识。

歌德出身富裕家庭,成名后又得到魏玛公爵的赏识,30岁出头就当了国务大臣,被封为贵族称号,过着富贵日子。因此,他感到自己"早已不再是诗人了"。

在与遭受贫穷与疾病的折磨却始终不渝、30岁就成为著名悲剧诗人的席勒相交后,歌德内心受到席勒那不受环境影响、专心致志的创作精神的影响和鼓舞,他"作为诗人复活了"。在友情的摇篮里,歌德一气完成了几部著名的叙事长诗。1797年,两位诗人还开展了创作叙事歌谣的友好竞赛,写出了不少优美篇章。这一年,在德国文学史上被称

生存三做

为"叙事歌谣年"。歌德在与席勒相识不久,就写信给他说:"在和你相识的那一天,是划时代的一天。"

《庄子》一书中讲了这样一个故事:庄子去给亲友送葬,途中经过惠施的坟墓。他对跟随他的人说:"郢地有一个人用白灰刷房子,不小心在鼻尖上抹了苍蝇翅膀那么大的一点白灰。他请好友匠石给他擦掉。匠石抡起斧子,带着一股风,朝郢人的鼻子砍下去。那点白灰被干净彻底地砍掉了,而郢人的鼻子却毫无损伤;并且他仍然端直地站在那儿,脸色没有丝毫改变。宋元君听到这件事以后,就把匠石叫来说:'你试着也替我把鼻尖上的污点砍掉吧。'匠石说:'我曾经给人砍过鼻子上的污点。不过现在,我砍污点时用的垫子已经不在人世了。因此我的准头也就没有了。'自从惠施死去以后,就没有能让我施展辩论才能的人了,因此我没有可与谈话的人了。"

在《吕氏春秋》里也载有类似的一个故事:

伯牙善于弹琴,钟子期善于听音。伯牙弹琴的时候,心里想着高山。钟子期说:"好啊!巍峨高耸,就如泰山。"伯牙弹琴的时候,心里想着流水。钟子期说:"好啊!汪洋浩瀚,就如长江大河。"伯牙弹琴的时候,心里想着的东西,钟子期从他弹出的琴声中,都能听出来。

伯牙和钟子期一起到泰山的北面去游玩,突然遇上了暴雨。他到岩石下面去避雨,心里惆怅,就拿出琴弹奏起来。一开始他奏的是表现天降连绵大雨的乐曲,接着又弹表示高山崩裂的音调。他每奏出一支曲子,钟子期总能完全讲出它的旨趣和意境。最后伯牙叹息说:"好呀,你欣赏音乐的能力真强。你心中想象到的,和我从琴声中表达出来的思想感情完全一样,我的琴声怎能逃过你的耳朵呢?"后来钟子期死了,伯牙再也找不到知音了，于是就把琴摔坏了，终生不再弹琴。

这两个故事，告诉我们的是，一个好的合作者，对一个人的成功是多么重要。

"一个篱笆三个桩，一个好汉三个帮。"在现在的社会上孤胆英雄已经行不通了，要想成功，你就必须能够找到帮手，团结一切可以对你有所帮助的人。

学会创新，才会有更大的发展

在竞争如此激烈的社会中，只会循规蹈矩、人云亦云的人迟早会被淘汰，只有拥有创新精神才能紧跟时代脚步。

世界上本没有路，只是走的人多了，也就变成了路。但人不能总是走别人的路。一个人的成功，就是因为他走了一条别人不曾走过的路。世界上只有一个金利来，只有一个比尔·盖茨，只有一个毛泽东，他们都是出色的成功者，他们都走了一条自己的路，一条不寻常的路——创新之路。

古代有个樵夫，一天，他在山中砍柴，为了避雨来到一个山洞里。洞中有两位老者在下棋，他便在一旁专心观看起棋局来。棋逢对手，杀得难解难分，一直下了七天才分出胜负。这时樵夫想起回家，一看斧头的木柄都已经腐烂了。回到原居处，别人都认不得他，他也认不得别人，一切都变得非常陌生，不知何朝何代。原来，"洞中方七日，世上已千年"。

这个故事说明了一个深刻的道理：你只要放松自己，过几天神仙般的日子，回过头来，这个世界立刻就让你看不懂了。

生存三做

　　樵夫所处的悠闲的农业时代尚且如此，更何况如今的信息时代了。无论是商界巨擘洛克菲勒、昔日声名显赫的亨利·福特，抑或是其他世界级的石油大王、钢铁大王、汽车大王……可能也无法看懂今日的世界。20世纪末的某一天早晨，大王们一觉醒来，便惊愕地发现，他们已经司空见惯的财富排行榜发生了戏剧性的变化，以比尔·盖茨为首的一批名不见经传的小人物贸然闯了进来，并以令无数大王汗颜的速度，荣登全球富豪的金、银、铜宝座。微软公司的市值超过了美国三大汽车公司的总和，百年积蓄也难与他匹敌，怎能让人想得通？"大江东去，浪淘尽，千古风流人物。"农业时代出现的大大小小的地主、财主，必然要被洛克菲勒、亨利·福特和卡内基们替代，而工业时代的石油大亨、汽车大王、钢铁大王，也必然要让位于新的财富霸主，这是信息时代知识经济的必然产物。

　　世界是在创新中发展的。如果没有创新，那么我们人类还将停留在多少万年以前的猿人时代。仍过着茹毛饮血的生活。而创新，是由每一个人进行的，能够不断创新的人，就取得了事业的成功；因此，成功者没有一个不是创新者。没有创新，就只能守旧，这正如巴尔扎克所说："第一个把女人比作花的是聪明人，第二个再这样比喻的人，就是庸才了，第三个人就是智障者了。"松下幸之助说："只有努力创新，才会有前途，墨守成规或一味模仿他人，到最后一定会失败。"

　　思想家希恩说："欢乐的名字叫创造。"把创新与欢乐相提并论，你还不热衷于创新，其他名人也说过和这句哲理类似的话。福尔克说："创造者才是真正的享受者。"阿兰说："热闹唯有借助欲望和创造，才能幸福。"创新本身并不是这个东西和过去的不一样，而真实价值在于从不一样中体味欢欣和幸福。

苏联作家卢那察尔斯基认为:"人可以老而益壮,也可以未老先衰,关键不在岁数,而在于创造力的大小。壮衰的界限不在于年龄这一时间概念,而取决于创造能力这一素质概念。"

在目前全世界科技发展日新月异的时代,资本力量在企业经营中的重要性已让位给创新。就是说,走在时代前面的创新将引导事业走向繁荣。

一国的经济兴盛要靠企业家,靠企业家领导的创新。在以往,世界经济中的亮点,主要基于技术创新所取得的领导地位。比如英国凭借蒸汽机、纺织机、车床、铁路的发明,成为18世纪晚期和19世纪早期的经济霸主。德国则以19世纪后半叶在化学、电子、光学仪器等方面的创新,而成为资本主义的新秀。如今称霸于世界的美国,其当年的崛起得益于钢铁、通信等方面的技术创新。但是,日本的崛起契机却与英、德、美各国不同,日本靠的是管理创新。

虽然日本在任何一个技术领域中都不是先驱者,但它在管理上却雄居于领先地位。日本积极学习美国在二战期间的管理方法,并进行了许多创新——尤其是关于应该将人力视为资源而不是成本的观念。日本使西方新的"社会技术"——管理适应于自己的价值观和传统,从而让管理发挥出作用。20世纪70年代后,日本因此由二流工业国一跃而成为一流工业国。

企业家的创新不仅带来了技术的进步,更引起了人们观念的进步。随着买方经济、网络经济的到来,个性化消费日益成为遍及全球的潮流。同时,企业之间的竞争也成为全球性的竞争。竞争的重点也由产品的质量转向服务的满足。

今天的人类已进入体验消费的时代，全球市场更加变幻莫测。原本为大多数管理者所奉行的保守谨慎的做法，已无法应付激烈的竞争。新时代的竞争要求企业必须面向顾客、面向未来，不断地进行创新。这是一种前所未有的巨大挑战，只有富有创新精神的企业家而不是管理者才能领导企业迎接这种挑战。

IBM公司总裁托马斯·沃森认为，IBM公司的成功不是资源的调配，也不是靠研究部门或推销部门的勤奋工作，而主要靠全体职员开动脑筋独立思考。沃森指出，在IBM的所有厂房和办公室内都有写着"思考"的牌子，以随时提醒员工和领导者什么事是最重要的，不要因为每天忙于杂务而忘记创新。无论大会小会，只要沃森到场，总要把这个问题挂在嘴边，似乎在对听众说："如果你们没有听清我的发言，但至少应该记住创造性思考。"

领导者不要误以为创新思维只是技术人才和参谋人员的专利，也不要误以为只有在重大问题上才值得我们绞尽脑汁去思索。对于领导者，就是在一些棘手的小问题上，也要开动创新思维的机器。

现代管理之父、素有"企业家的导师"之称的彼得·杜拉克认为，企业家精神的核心就是创新。他说："创新是企业领导者特有的工具。借此工具，他们把变化看作是开创另一个企业或服务的机遇。创新可以作为一门学科展示给大众，可以供人学习，也可以实地运作。企业领导者应该有目地寻找创新的来源，寻找预示成功的创新机遇的变化和征兆。他们还应该懂得并应用成功创新的原理。"

迪斯尼乐园创始人沃尔特·迪斯尼说："以前我们兴旺发达，那是因为我们敢于冒险尝试新事物。我们的公司不能停止不前，我们还要创造出新的东西来。"

美国以经营推广"麦当劳"快餐店闻名世界的企业家雷·克罗克说："我从来不认为梦想是浪费精力，反而我觉得梦想总是和实际生活有联系的。"

盛田昭夫是日本索尼公司的创始人兼公司总裁，关于创新，他说道："唯有创新才能生存。"

美国莫里森国际公司创始人罗伯特·莫里森说："我从来就认为，一个人不应该害怕去做任何创新的事情。"

美国波音公司创始人兼首任董事长威廉说："在我们的观念里，没有什么是荒诞不经的，也没有什么是不能做到的。我们的工作就是不断地研究与实验，并且尽快把实验出来的结果做成成品。尽管飞行物及飞行装备已经得到了改良，我们仍要保持一颗不断创新的心。"

总之，不创新，你就失败；没有创新，就是抱着钱袋子，也会赶不上时代的潮流。

用心寻找快乐，快乐无处不在

工作能让人获得最大的快乐和满足

人们常常有这样的困惑：人为什么要去奋斗呢？所为何来呢？人们

生存三做

之所以努力奋斗，应该有两个原因：一是为了使自己快乐；二是找到人生的价值。我们或许有时候会觉得奋斗不一定会有什么结果，但不容否认的是，我们总能在奋斗中找到自我的价值，并让自己觉得快乐。

你失败时，你不快乐，因此，你追求成功。当你被人轻视时，你不快乐，因此，每个人都想有自己的事业，都想对社会、对自己有一些贡献，好赢得别人的尊重。饥饿寒冷是不快乐的，丰衣足食是快乐的，因此你要努力求得谋生能力，以获取维生之资。

要求快乐与安全是人的天性，而不是为了后天的教条。后天的教条也无非是教我们如何去求得快乐与安全。

表面上看，人们努力奋斗是被环境所迫，但真正上的动机却是发自各人的内心。换言之，奋斗并不是别人勉强你去奋斗，而是你自己内心里天然有一股力量，希望自己活得成功而且光明磊落，这样一个人才会真正感觉到快乐。

人在这一生中，必须努力发挥自己的力量，随时用成绩肯定自己的价值，这样的人生才是快乐的人生。

努力并非被迫的劳役，而是内在自然的愿望。当你积极而肯做事的时候，你必定会觉得快乐，当你消极而懒得做事的时候，你会对一切都感厌倦，毫无疑问你不会快乐。

在我们的一生中，工作占据了最大而且最重要的一部分，假使你对工作厌倦，那么整个人生都将缺少乐趣。

能在工作中找到一些乐趣，用欣赏的心情去工作，生活就会很愉快。

我们不可能随时找到自己喜欢的工作。因此只有尽量使自己喜欢目前的工作，不带着厌烦的情绪去工作，工作就会显得较为轻松。

下篇 做"好"：找到最好的做事途径才能有所收获

人们之所以厌烦工作，一部分原因固然是工作繁重枯燥，但也有一部分原因是自己对工作不能胜任，所以就不能愉快。

因此我们应该多充实自己，使自己在工作上能够胜任，当工作成绩出色并得到赞赏时，本来枯燥的工作就有了乐趣。

我们每一个人生来都有责任。它虽然让我们感到负担沉重，但如果没有一点责任的话，我们会觉得自己轻飘飘的，有一种被遗弃的感觉，人生也会因此失去了目标。这是人类的天性，唯有乐观而勇敢地负起责任来，才会觉得快乐。

肯工作，所需的是勤劳与坚忍，肯工作而又能快乐地工作，则是一种智慧。这种智慧能使人在枯燥的工作中找到乐趣。使工作不再是苦役，而是一种创作和表现，如此的工作态度往往能塑造出杰出的人才。

如想找到自己喜爱的工作，首先要对这工作有所专长，而这专长的求得，唯一的途径就是学习。

每个人生来就有成功欲及荣誉感，如果你希望从工作中得到乐趣，唯一的办法是认认真真地、尽职尽责地做好每一天的工作。

一个人觉得快乐，是因为心里没有负担，同时也因为觉得日子过得充实。要想使自己心里没有负担，最好的办法是"忠于自己的良心"。要想使日子过得充实，最好的办法是努力去做事而且要做到"今日事今日毕"。

一个人要觉得自己有用，才会快乐。无论我们所做的是什么工作，只要对别人有贡献，对社会有益处就会觉得自己有价值。所以对于每一个人来说，只有工作才能让他找到快乐和满足感。

不论你从事什么工作，也不论你的职务高低，都应该热爱自己的工作，都要在你的工作中找到自己的乐趣。在工作中求得满足，才会有幸福感、成功感。

满足是一种积极的态度，你可以决定自己的态度，只有乐于工作，才能全力以赴，只有从事合乎自己志趣的工作，才能在工作中得到满足，否则，就会有情绪的冲突和挫折感。

下面我们看看一家大公司设在日内瓦分公司的业务经理维科多是怎样在工作中得到满足的。他有积极的心态，热爱自己的工作，而且技能熟练，做起什么工作来都得心应手。他经常阅读励志性的书籍，从中得到三项非常重要的原则：

①自我激励，掌握自己的态度。

②确立明确目标。

③任何事情都有其自己的发展规律，必须懂得那些规律并加以运用才能取得成功。

维科多相信这些原则，并以实际行动履行这些原则。每天早晨他都对自己说："我觉得自己精力充沛、精神愉快，我觉得自己大有可为。"他也的确是这样。

维科多用自己确信的原则训练手下的业务人员，大家也都有同样的信条和感受。每天早晨业务员相聚的时候，大家都非常愉快，个个信心十足，互相鼓励并祝福，然后分手各自去完成自己的任务。他们每个人都有自己的目标，目标之高，令总公司和其他一些分公司的人感到吃惊。但每周的业绩不得不令人佩服。

情形就是如此，正是积极的心态激励维科多及其所领导的销售人员去发现他们工作中令人满意的事情，从而取得成功的。

喜欢自己的工作与不喜欢自己的工作，有很大的差别。那些感到工作满意的人，能以积极的心态对待工作。他们总在寻找好的东西，当某种东西并不好时，他们首先是考虑改进它。但是那些对工作不满意的人，他们的心态就变得消极，他们总是抱怨各种不如意的事情，甚至抱怨一些不相干的事情，消极的心态完全占有了他们。

能否发现工作中令人满意之处是与所做的工作种类无关的。如果你对于自己的工作抱着消极的心态，你就得控制你的心态，使其积极起来。如果你使得你的工作饶有趣味，你就会用微笑和多方面来表达你对工作的满意。

生活中不求做一个聪明人，只求做一个快乐的"笨蛋"

有人认为，在下述四种人中，他宁愿做第二种人，也就是宁为笨蛋。为什么？

第一种人，四肢发达、头脑简单，也许会活得很快乐。但亚里士多德说过，如果做猪快乐；做人痛苦，他宁愿做人。亚当和夏娃因偷吃了智慧果，因而有了"原罪"，但人类始终不会为了偷吃智慧果而感到后悔，这是人之所以为人的本质。

第二种人，被人看作是"笨蛋"，他们反应略显迟缓，学习起来总是比人慢半拍。可是因为知道自己的缺点，他们愿意更认真、更努力地去学习，最后成功的往往是这种人。

第三种人，是糊里糊涂、懵懵懂懂地过日子，根本不知曾经在这世间活过，如此做人也没有什么意思。

第四种人，被别人当作"聪明人"，他们会自以为真的"聪明"，只

生存三做

会教导别人，而自己则毫无进步，故步自封，甚至越来越骄傲。结果聪明反被聪明误，从高峰滑落，日走下坡。我们都希望自己更聪明一点，但这不太可能，总是有人学习成绩比我们更好，赚钱比我们更多，职位比我们更高，名声比我们更大。因此，如果我们有点笨就要承认。

有个干什么都认死理的大学生，有一年他下定决心要考研究生，但他的英语奇差，于是他就去参加了一个英语辅导班。辅导班的老师拍着胸脯说，只要把他编写的辅导书从头到尾地做上5遍，就一定能考中——那本书比辞海还要厚。但是他却真的相信了老师的话，回去以后不分白天黑夜地做，终于在考试前完成了第5遍。考试成绩出来了，他得了88分的高分，而那些抱着各类"速成"同他一起考试的同学个个名落孙山。他十分感激那位老师，于是亲自登门道谢。老师听完他的述说以后，吃惊地吐了吐舌头，说："啊！你真的做了5遍呀！"

这种故事很多，而且远远不止考上研究生这种小事，很多大事业都是用这种笨办法完成的。爱迪生为了研制一种新的蓄电池，花了9年的时间，试验了9006种材料，失败了5万多次，最后才取得成功。

有人在女青年中组织了一次关于《西游记》人物的民意测验，结果发现，有将近90%的人喜欢师徒四人中的猪八戒。理由是：他看上去笨笨的，很讨人喜欢，而且他还很懂得享受生活。与之形成对比的是很少有女人喜欢孙悟空，理由是：这个猴头也太精了！唐僧更是没有一个人喜欢。

有人认为，可爱的人生总是同有趣的弱点结合在一起的。笨拙就是一种典型的有趣弱点，它可能表现在语言、行动或思维的某一方面。它会给人带来一定的不便或损失，但有些时候却还会因祸得福。

下篇 做"好"：找到最好的做事途径才能有所收获

对于在校的学生来讲，最笨的事情恐怕就是记不住老师昨天教的公式或词组了，虽然有时我们会很努力地用功，试图避免老师的责问和同学们的嘲笑，第二天的结果还是一样，我们怎么办？于是有人放弃了努力，开始破罐子破摔，还有一部分人干脆逃离了学校。这都不是明智的选择，大家都知道爱迪生是个大发明家，他一生共获得过1000多项发明专利。还获得了美国国会荣誉奖章。但有谁知道爱迪生成名前曾被人们认为是无可救药的"大笨蛋"？

爱迪生在学校念书的时候，常常会把老师教给他的东西忘得干干净净，在班上他的成绩也总是排在最后一名，这使得老师们对他非常失望，他们认为他是个糊涂虫，蠢得简直不可救药。医生们甚至断定他大脑有毛病，因为他的大脑的形状非常奇特。事实上，他一生中仅仅上过3个月的学，就被老师劝退回家了。在这以后，就由他的母亲在家里教他。然而过了一段时间后，母亲却发现，爱迪生对科学事实具有非凡的记忆能力，在他那藏书丰富的私人图书馆里，他埋头研究，了解了大部分的科学事实。而且他还养成了一种集中注意力的特殊能力：除了他心里所想的东西之外，他可以把其余的一切统统忘掉。

有一天，爱迪生去纳税，当时他正为某个科学上的问题而苦苦思考。那天去交税的人特别多，他不得不排在长长的队伍后面等候，他等了很久，结果等到轮到他的时候，别人问他叫什么名字时，他一时间竟愣在了那里，想不起来自己的名字了！他旁边的一个人，看见他那副狼狈不堪的样子，便提醒他他的名字叫爱迪生。他后来对人说起这件事的时候，自己都说："我当时真的很笨，简直有好几秒钟想不出自己的名字来，这可是与我性命攸关的东西啊！"

生存三做

这种笨人在历史上还有很多很多。贝比鲁感到自己很难记住什么，无论别人的姓名还是面孔。所以当他在四处周旋的时候，差不多每碰到一个人就和那人谈话，因为他总以为自己在什么时候见到过这些人。查理·卓别林一直请一个私人秘书为他处理一些事务，而且这个人常常跟他一道外出旅游。然而这样为他工作7年以后，卓别林还是记不准他的名字。

所以，戴尔·卡耐基曾在一本书中写道："如果你的记忆力如我一样坏，你尽可以放心，这没有多大关系。因为达·芬奇算得上是人类历史上最著名的画家了，而他却什么东西都记不住，除非把它用笔记下来——即使这样，他又往往记不起自己把它放在哪里了。"

西班牙著名的绘画大师达利是一个古怪的人，有人说他是天才，也有人说他是个笨蛋。

他是一个音乐爱好者，但只有一台老式留声机，唱片也有不同程度的破损。因此，每当放音乐时就夹杂着一些噪声。家人要求他去买一台新唱机。他总是说："不需要，不需要，千万不要。我欣赏这种油炸沙丁鱼的声音。"

达利是那种需要随时得到照顾的人。

他的生活自理能力几乎为零，事事要依赖他妻子。有一次，他妻子加拉在倾盆大雨中开着他们那辆旧卡迪拉克车，半路上，一个轮胎爆了。坐在车上的达利对她说："亲爱的，你去换轮胎，我是个天才，可不能把自己的手弄伤了，这不是我的问题。"于是，可怜的加拉冒着大雨趴在地上换了轮胎。他的妻子加拉正是这样被他的各种各样的要求搞得精疲力尽，最后只好离开了他。

尽管如此，一位与他同居了17年的女友在他逝世10周年纪念时说，我常常会想起他，当我看到如今所遇到的艺术家都很平庸时，我就很怀念他。我遇到的是一个天才，尽管他经常胡言乱语，他的行为让人恼怒，但他是一个真正的天才，不会装模作样。

阿拉伯有这样一句格言："人有四种：第一，他没有知识，但他不知道，应该避开他；其二，他没有知识，但他自己知道，是个笨人，应该教他；其三，他有知识，但他不知道自己有，是睡着了，应该唤醒他；其四，他有知识，并且知道自己有知识，是个聪明人，应该向他学习。"经调查，多数人认为做第二种人最好。

这就是所谓"笨蛋"的魅力。

懂得放弃，才能品尝成功的快乐

敢于舍弃微小的成功，你才能获得更大的成功，这就好像拳击手为了使自己出拳更有力，先要把拳头收回一样。

玛西·卡塞尔是美国电视史上最成功的节目制作人之一。她从1980年开始自行制作节目，次年，汤姆·温勒加入，他们合作无间，创造出《天才老爷》的高收视率，这是美国播出最久的电视连续剧，其他如《焰火下的魅力》、《来自太阳系的三次元》等，也好评如潮，获得多次大奖。她这样叙述她的成功之路：

在纽约，我找到一份工作，是在ABC国家广播公司做参观讲解员。这栋大楼是一个野心家的温床，许多人不择手段地想要得到往上爬的机会。很幸运，我几个月后就升任《今夜》节目制作助理，然而，我

生存三做

并不太喜欢这份工作，大多是做一些办公室的杂务，回影迷的来信之类的。

我开始转变事业方向，到一家广告代理公司的电视部门工作。我知道自己对广告工作是毫无兴趣的，然而，这却是一种很好的锻炼机会。我们这组一共有3个人，平日的工作说起来有点像间谍，每天要观察哪个频道的哪个节目收视率最好，然后仔细分析节目的分镜时段、制作素质，向客户提交一份完整的报告，最后建议最佳广告时段，而我提出的建议大都能得到客户的肯定。但是，我始终知道，我的兴趣在制作电视节目。

在好莱坞，我认识了正要开设制作公司的罗吉，他有堆积如山的剧本，需要有人帮忙审核。我决定争取这份工作，答应先免费帮助他看那些剧本，直到他愿意聘请我为止。我成功了。我在这家公司干了好几年，然而我喜欢的事业还是没有半点踪影。直到有一天，我听说ABC美国国家广播公司想要找一些有才气、有创意的人一起组成庞大的制作群，共同经营频道，我立即前往应聘。我坦白地告诉面试主考官伊塞，我已经有3个月的身孕，如果他不想考虑聘用一位孕妇的话，我没有意见。没想到他却说："我太太和我也有一个婴儿，可是我回到岗位继续工作，你呢，是不是也要和我一样？"最后，他聘用了我。

我真的欣喜若狂，因为终于可以接触到电视工作的核心。当然，对我来说，这也是一个钩心斗角，人与人关系不那么单纯的地方，我虽然有一点小聪明，但是却没有能力处理办公室里的人事斗争，在这里，每个人不是迅速升职，就是被迅速开除。我没有被开除，我在ABC工作7年，离职前，我的头衔是"黄金时段节目制作资深副总经理"。

下篇 做"好"：找到最好的做事途径才能有所收获

我们不断生产十分有趣、充满活力和不同风格的节目，但多年后，那种充满创意的环境在慢慢消失，我觉得是自己离开 ABC 的时候了，我要自己创办一家电视制作公司。

我们决定不受外界干扰，我们一定要制作出品质精良的节目，否则决不轻易推出上档。我们一共花了 3 年时间，才推出一个成功的喜剧系列节目——《天才老爷》，一播就播了 8 年，在 1988 年——1999 年期间，我们还创下了其他制作公司望尘莫及的成绩：同时拥有 3 个成功的电视节目——《天才老爷》、《罗丝安娜》和《不同的世界》。

这条成功之路比较长，其实特点就是不断换工作，包括放弃一些令人羡慕的职务，如"ABC 黄金时段节目制作资深副总经理"，最后自己创业。这是一条风险很大的路，但有能力的人，不妨试一试。

"水往低处流是为了积水成渊。降落，是为了新的起飞，所以我喜欢一次次将自己打入谷底。"这是北京小王府饭店老板王勇在一次媒体采访时的一段经典语录。他的职业生涯确实也证明了他的"放弃"与"再次起飞"哲学的正确。请看他的自述：

我是 1987 年从大学毕业的，学的是外贸英语专业。我被分配到一家大型国有企业。那是一份很安逸、令很多人羡慕的工作。可是没多久，我就很苦恼。那是一成不变的日子。这样的日子让我感到很压抑，我不甘心自己的热情被一点点地吞噬。

"苦恼归苦恼，但是真要做出抉择还是要下很大决心的。因为生活在体制中，它会给人一种安全感，虽然这种安全感是要付出代价的。

"在犹豫不决中过了 3 年后，我终于下决心离开，因为如果再耗下去，我可能就会失去离开的决心和重新开始的信心。"

这在当时来讲，无疑是疯狂而没有理智的表现。因为他的辞职无异于自己给自己打到了最底层：没有单位，没有固定工资，没有任何社会保障。

从这以后，他在北京先后在两家公司就职，第一家公司是一家英国公司。后来王勇又跳槽去了一家生产航空发动机的美国公司，做高级业务代表。公司办公地点在建国门外的赛特。

每天，工作累了，王勇就会俯身在窗前，看马路上川流不息，像甲壳虫一样的车辆，看像蝼蚁一样蠕动的人流。有时看着看着，他会突然莫名其妙地发呆，会有一种空落落的感觉。虽然他在这家公司已经干到了高级业务代表，只要继续努力，职务还会升迁。但是他感觉到干得再好，这里也不属于他。这个舞台是别人的，在这个舞台上，自己只是一个匆匆的过客。可是，哪里才是属于自己的一个舞台呢？

王勇又开始苦恼。

有一天，他仍像往常一样站在窗前胡思乱想。他的目光不经意地落在楼下那片自行车停车场上，他看见不断有人推着自行车过来，又不断有人推着自行车离去。于是他突然冒出一个想法：何不将那片场地租下来，自己干？就这样，王勇又辞去了第二份工作，开起了京城第一家"北京王师傅租赁自行车店"。

王勇的自行车租赁业务干得很好，不到一年就在建国门和北京站开了两家自行车租赁连锁店，一共有600多辆自行车。后来由于自行车连锁业务的再拓展有很多难处，王勇便再次放手，转行干起了现在的餐饮行业。直到他现在的又一次的事业顶峰。

没有放弃就无法收获，放弃多余的东西你会一身轻松，放弃不适合你的职业，你会获得一份更令你满意的事业，人生就是在不断地舍弃与获得中，越来越美好的。